矿井瓦斯联合抽采及火灾防治技术

王 军 著

全书彩图

北 京
冶 金 工 业 出 版 社
2025

内 容 提 要

本书基于“地面压裂、井下打孔、井下抽采一体化”技术，综合采用理论研究、数值模拟、工程实践、现场观测等手段，优化了压裂区域瓦斯抽采效率，阐述了深部页岩气渗透特性规律及煤矿采空区瓦斯与火复合灾害发展规律，为采动作用影响下邻近煤层瓦斯涌出和开采煤层采空区漏风造成的采空区瓦斯与火灾复合灾害的发生提供了系统性解决方案。

本书可供采矿工程、安全科学与工程、岩土工程等相关领域的科研人员参考，也可供高等院校相关专业师生阅读，同时也可供矿区采矿现场技术专家和生产管理人员等相关从业者阅读参考。

图书在版编目（CIP）数据

矿井瓦斯联合抽采及火灾防治技术 / 王军著.

北京：冶金工业出版社，2025. 8. -- ISBN 978-7-5240-0235-2

Ⅰ. TD712；TD75

中国国家版本馆 CIP 数据核字第 2025LT4925 号

矿井瓦斯联合抽采及火灾防治技术

出版发行	冶金工业出版社	**电　　话**	(010)64027926
地　　址	北京市东城区嵩祝院北巷 39 号	**邮　　编**	100009
网　　址	www. mip1953. com	**电子信箱**	service@ mip1953. com

责任编辑　赵鸿儒　曾　媛　美术编辑　吕欣童　版式设计　郑小利

责任校对　葛新霞　责任印制　范天娇

北京建宏印刷有限公司印刷

2025 年 8 月第 1 版，2025 年 8 月第 1 次印刷

710mm×1000mm　1/16；8 印张；138 千字；120 页

定价 69. 00 元

投稿电话　(010)64027932　投稿信箱　tougao@cnmip. com. cn

营销中心电话　(010)64044283

冶金工业出版社天猫旗舰店　yjgycbs. tmall. com

（本书如有印装质量问题，本社营销中心负责退换）

前　言

自改革开放以来，我国工业产业迅猛发展，能源消耗大幅增多。我国是一个贫油富煤少气的国家，能源供给大多依靠煤炭。近年来，我国虽然出台了大量的清洁能源政策，以鼓励清洁能源行业的发展，但截至2021年，煤炭仍占我国能源消耗的56.8%，依然是我国能源消费的主体。随着对能源需求量的增加和开采强度的不断加大，浅部资源日益减少，国内矿山大都相继进入深部资源开采状态。

随着我国煤矿向深部开采，地应力增大、地温升高、瓦斯压力增大，瓦斯在煤层中的渗透能力降低，增加了井工在开采过程中遭受瓦斯爆炸和煤自燃灾害的风险。在实际开采中，不同煤层之间形态、颗粒大小，厚度等都存在显著差异，反映出的物理力学特性也会不同。一旦受到外部扰动作用时，会破坏原有的应力平衡条件，产生复杂的煤与瓦斯耦合问题。由于物理特性不同，在受到外界荷载干扰时，不同煤层表现出的力学特性和瓦斯运移规律具有独特性和复杂性，这就极易发生复合灾害。因此，在煤与瓦斯共治中，依托实际采矿工程背景，往往要采用综合治理，而非单一治理措施，以期最大程度降低灾害发生的风险。

本书基于水力压裂起裂机理和瓦斯的扩散渗流理论，对“地面压裂、井下打孔、井下抽采一体化”技术的地面压裂影响范围、井下瓦斯抽采钻孔的布置及瓦斯治理效果进行介绍，采用控制初始裂缝角度、压裂时长、注入量参数的方法研究了裂缝扩展规律，建立COMSOL裂缝三维模型，阐述压裂区域瓦斯抽采效果，对UDFD技术地面压裂部分进行理论分析，对水力压裂地面竖井的围岩特征、水力压裂裂缝的起裂机理、裂缝的破坏形式、裂缝的延伸扩展规律及水力压裂的卸压增透作用进行了分析；对煤与瓦斯共采过程中采动卸荷条件下煤岩力学特性及渗透率演化规律进行了深入研究，深部页岩气储层压力在衰竭过程中势必会产生滑脱效应和有效应力变化，两者对渗透率演化均起着重要影响，探究它们对渗流的作用机理，进行了不同体应力和孔隙压力耦合作用下页岩的变形与渗流试验；基于煤层瓦斯与火基础参数和采空区气体渗流运移规律，根据近距离煤层群开采特点，确定采空区瓦斯与火致灾特性，得到不同粒径煤样随温度的变化规律，根据煤自燃极限参数，提出采空区自燃“三带”划分指标，分析无抽采和“高位钻孔+埋管”抽采条件下采空区瓦斯与火复合灾害危险区域的分布规律，得出“高位钻孔+埋管”抽采工程可以有效降低采空区复合灾害危险区域的范围，利用数值模拟分析配风量、抽采量、注氮量三因素对采空区自燃“三带”分布规律的影响，提出了“Y”型通风、“埋管+高位钻孔”抽采、采空区“注氮”联合的瓦斯与火协同防治技术体系。希望本书内容能为采空区瓦斯与火复合灾害的预防和治理提供更加科学的依据。

本书的撰写参考了许多学者的研究成果，在此向相关参考文献的作者表示衷心的感谢。由于作者水平所限，书中不足之处在所难免，敬请各位专家、学者严加斧正。

王军

2024 年 12 月

目　　录

1　概述 …… 1

1.1　煤矿开采与瓦斯抽采 …… 1

1.2　煤层瓦斯运移规律 …… 3

1.3　煤层瓦斯抽采技术 …… 5

1.4　水力压裂技术研究现状 …… 5

1.5　采空区瓦斯与火治理 …… 6

2　地面与井下钻孔联合抽采技术 …… 8

2.1　UDFD 地面压裂机理研究 …… 8

2.1.1　竖井围岩特征 …… 8

2.1.2　煤层水力压裂起裂机理 …… 9

2.1.3　水力压裂裂缝的破坏形式 …… 10

2.1.4　水力压裂卸压增透作用 …… 10

2.2　UDFD 联合抽采技术 …… 11

2.2.1　UDFD 联合抽采技术原理 …… 11

2.2.2　UDFD 联合抽采技术的优越性 …… 12

2.2.3　UDFD 的可行性分析 …… 13

3　UDFD 技术数值模拟研究 …… 15

3.1　煤层水力压裂数值模拟研究 …… 15

3.1.1　水力压裂数值模拟理论方程 …… 15

3.1.2　模型建立及参数选择 …… 17

3.1.3　不同角度的初始裂缝延伸扩展规律 …… 18

3.1.4　压裂时长对裂缝扩展规律的影响 …… 20

3.1.5　注入量对裂缝扩展规律的影响 …… 22
3.2　瓦斯抽采模型的构建与分析 …… 25
3.2.1　数值模拟研究方法与目标 …… 25
3.2.2　主要控制方程 …… 25
3.2.3　几何模型的建立 …… 26
3.2.4　未压裂与压裂后的瓦斯抽采模拟 …… 28
3.2.5　不同钻孔直径模拟及分析 …… 31
3.2.6　不同抽采负压模拟及分析 …… 34
3.2.7　不同钻孔间距模拟及分析 …… 35

4　深部渗透率演化规律 …… 39

4.1　试验装置及方案 …… 39
4.1.1　试验装置 …… 39
4.1.2　页岩试件 …… 39
4.1.3　试验方案 …… 40
4.2　页岩各向异性变形行为 …… 42
4.2.1　各向主应力下页岩变形行为 …… 42
4.2.2　孔隙压力作用下页岩变形行为 …… 43
4.2.3　页岩表观渗透率演化 …… 44
4.2.4　页岩裂隙压缩系数 …… 45
4.3　页岩渗透率有效应力系数 …… 46
4.3.1　有效应力影响区渗透率有效应力系数 …… 46
4.3.2　滑脱效应影响区渗透率有效应力系数 …… 50
4.4　滑脱影响区页岩固有渗透率 …… 53
4.4.1　滑脱影响区页岩固有渗透率修正 …… 53
4.4.2　滑脱效应预测 …… 56

5　近距离煤层瓦斯与火共治 …… 59

5.1　矿井及工作面概况 …… 59
5.1.1　矿井概况 …… 59
5.1.2　工作面概况 …… 60

5.1.3　近距离煤层群开采概况 …… 62
5.2　采空区自燃危险区域判定 …… 64
5.2.1　煤自燃极限参数 …… 64
5.2.2　采空区自燃“三带”的划分 …… 66
5.3　采空区流场运移数值模型 …… 67
5.3.1　采空区流场运移理论方程 …… 67
5.3.2　采空区采动裂隙场分布 …… 69
5.3.3　采空区多孔介质设置 …… 72
5.3.4　模型建立及参数选择 …… 73
5.4　不同通风条件下采空区流场运移规律 …… 75
5.4.1　模拟方案 …… 75
5.4.2　采空区流场分布结果 …… 75
5.4.3　采空区自燃带分布规律 …… 80
5.5　采空区流场运移模拟 …… 84
5.5.1　无抽采条件下采空区流场运移规律 …… 84
5.5.2　“埋管+高位钻孔”抽采条件下采空区流场运移规律 …… 87
5.5.3　瓦斯与火共治条件下采空区自燃“三带”分布规律 …… 89

6　综采面采空区瓦斯与火共治的最优参数 …… 103

6.1　瓦斯与火共治最优参数 …… 103
6.1.1　瓦斯与火共治最优参数描述 …… 103
6.1.2　瓦斯与火共治最优参数试验设计 …… 104
6.1.3　瓦斯与火共治最优参数确定 …… 105
6.2　工作面综合防控效果分析 …… 108
6.2.1　工作面最小推进速度分析 …… 108
6.2.2　工作面瓦斯与火共治效果 …… 108

7　结论 …… 112

参考文献 …… 114

5.1.3 [illegible]……62
5.2 [illegible]……64
5.2.1 [illegible]……64
5.2.2 [illegible]"三带"的[illegible]……66
5.3 [illegible]……67
5.3.1 [illegible]……67
5.3.2 [illegible]……69
5.3.3 [illegible]……72
5.3.4 [illegible]……73
5.4 [illegible]……[illegible]
5.4.1 [illegible]方案……75
5.4.2 [illegible]结果……75
5.4.3 [illegible]分布[illegible]……81
5.5 [illegible]……84
5.5.1 [illegible]……84
5.5.2 [illegible]……87
5.5.3 [illegible]"三带"分布特征……89

6 [illegible]……102

6.1 [illegible]……103
6.1.1 [illegible]……103
6.1.2 [illegible]……104
6.1.3 [illegible]……[illegible]
6.2 [illegible]……106
6.2.1 [illegible]……108
6.2.2 [illegible]……108

7 结论……[illegible]

参考文献……114

1 概　　述

1.1 煤矿开采与瓦斯抽采

煤炭是我国赖以生存的重要资源。近期数据显示，在我国的能源消费结构比例中，煤炭消费占比为57%，占据主导地位，如图1-1所示。根据中国煤炭工业协会《煤炭工业“十四五”高质量发展指导意见》，在“十四五”时期，煤炭在我国能源体系中的主体地位和压舱石作用不会改变。煤炭作为我国的基础能源和工业原料，长期以来为经济社会发展和国家能源安全稳定的供应提供有力保障[1]。

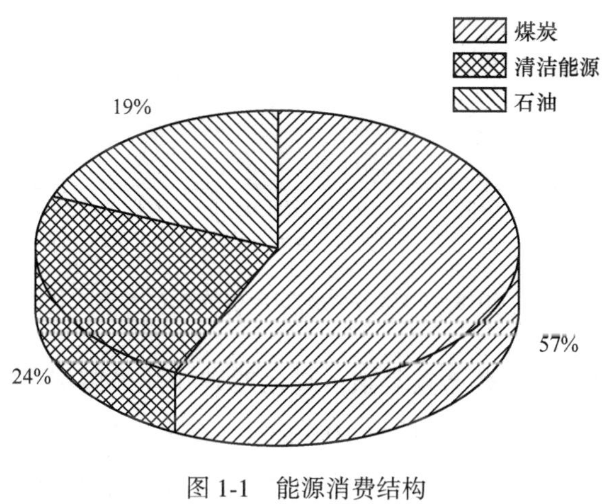

图1-1　能源消费结构

我国矿井最主要的开采方式为地下开采，近年来，随着矿井开采深度、开采强度和开采规模的不断加大，埋深较浅的煤炭资源逐渐枯竭，因此开采必须逐渐向深部延伸。随着埋深的增加，煤层原始瓦斯含量升高、原始瓦斯压力增大、地质构造应力更加错综复杂，煤层透气性逐渐减弱，瓦斯治理难度更大，使得在矿井开采过程中各种瓦斯灾害事故频发，对矿井工人的人身安全与健康造成极大的危害，矿井安全问题十分突出[2-4]。2018—2022 年煤矿安全事故死亡人数如图 1-2 所示，2018 年我国发生 224 起煤矿事故，死亡人数总计 333 人；2019 年我国发生 170 起煤矿事故，死亡人数总计 316 人；2020 年我国发生 122 起煤矿事故，死亡人数总计 225 人；2021 年我国发生 91 起煤矿事故，死亡人数总计 178 人；2022 年我国煤矿事故死亡人数总计 196 人。煤矿灾害事故造成极大的危害与影响，瓦斯灾害事故是煤矿重大灾害之一，占比在 70%以上，瓦斯是造成煤与瓦斯突出、瓦斯爆炸等事故的主要原因之一，严重影响着煤矿的安全高效开采[5]。因此，需要研究一种可以实现深部煤层增透，提高瓦斯抽采效率的新技术、新工艺，保障矿井安全高效地开采。

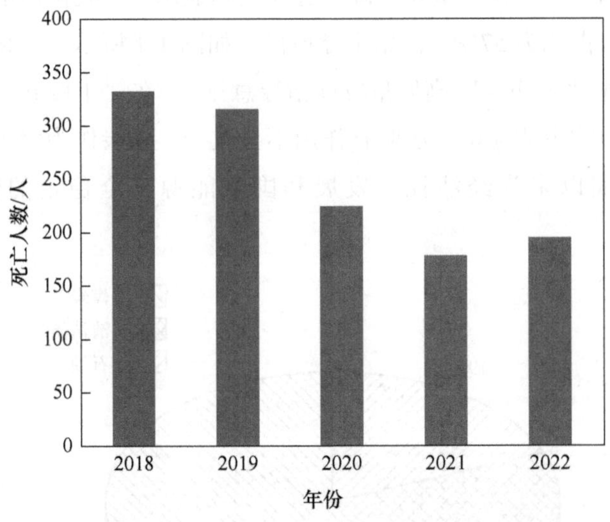

图 1-2 2018—2022 年煤矿安全事故死亡人数柱状图

我国的煤层赋存条件普遍较复杂，高瓦斯矿井开采煤层大多具有透气性低、渗透性差的特点，渗透率仅有 $10^{-4} \sim 10^{-3}\ \mu m^2$，在瓦斯抽采的过程中又存在着瓦斯抽采钻孔施工困难、抽采率低、采掘接替紧张、抽采瓦斯成本高、回采工作面瓦斯超限压力大等问题，使得矿井生产存在巨大的安全隐患。为高效地抽采瓦斯，在抽采前需要对煤层进行卸压增透，以促进瓦斯抽采[6-7]。目前，常用的提高透气性的技术有地面水力压裂、井下水力压裂、开采保护层、水力割缝、水力冲孔、水力挤出、CO_2 预裂爆破、深孔松动爆破、密集钻孔等。其中，水力压裂技术从石油行业引入，因其具有操作简便、施工工艺简单、安全可靠、影响范围大的优点，在煤炭行业得到广泛应用，成为当前实现增透促抽、解决透气性差的重要手段。

瓦斯抽采是治理矿井瓦斯的有效手段，而抽采出来的瓦斯还可作为燃烧原料加以利用，减少燃烧煤造成的污染，变害为宝。按照涌出来源的不同，瓦斯抽采方法可以分为本煤层瓦斯抽采、采空区瓦斯抽采、掘进工作面瓦斯抽采、邻近层瓦斯抽采等[8]，可以根据不同的瓦斯涌出来源进行针对性的抽采。其中，本煤层瓦斯涌出是矿井瓦斯涌出的主要来源，对本煤层瓦斯进行抽采可以有效降低工作面瓦斯。按照抽采位置的不同，瓦斯抽采方法可分为地面瓦斯抽采、井下瓦斯抽采和地面与井下联合瓦斯抽采。地面瓦斯抽采技术具有安全可靠、设备能力大、影响范围大、机动性好、利用率高的优点，但是适用煤层条件苛刻，排采成功率低且成本较高；井下瓦斯抽采技术的适用范围较广，可以控制目标抽采区域，成本较低，但是抽采范围小、工程量大、劳动强度高[9-10]；因此，将地面水力压裂与井下钻孔瓦斯抽采技术相结合，可实现两种抽采技术的优势互补，达到煤层增透促抽、极大减小煤层瓦斯含量的效果，保障矿井安全高效地开采。

随着我国煤矿向深部开采，开采过程中瓦斯爆炸和煤自燃灾害的风险有所增加。尤其是在近距离煤层群开采过程中，各个煤层形态、厚度及层间距均存在较大差异，这种差异会使开采煤层受到其邻近层的相互影响，造成严重的瓦斯与火复合灾害问题。如果相邻的煤层距离较近，开采上部煤层时会对下部煤层产生影响，进而可能破坏上部煤层的底板，因此下部煤层的开采也会受到影响。当下邻近层的顶板受到应力影响而出现大量裂隙时，开采煤层和下邻近层会发育出较多裂隙通道，从而增加采空区漏风，同时瓦斯也会随着裂隙通道运移至采空区，因此采空区受到漏风和瓦斯的影响，采空区内发生复合灾害的概率将不断上升。目前，在采空区瓦斯与火耦合防治方面，往往只考虑其中单个因素的影响，很容易造成顾此失彼的问题。这种单一的防治措施很可能导致另一种灾害的发生，甚至会加剧灾害的严重程度。因此治理采空区瓦斯与火复合灾害，应该从两种灾害的耦合关系出发，综合考虑采取相应的防治措施，以最大程度地降低灾害发生的风险。

1.2 煤层瓦斯运移规律

瓦斯以吸附态和游离态两种形式存在于煤体中。一般情况下，在煤体内吸附态的瓦斯占据 90%左右，吸附在煤体孔隙与裂隙表面；游离态瓦斯占 10%左右，借助煤体中的孔隙和裂隙进行运移。瓦斯在煤体中的运移主要有两种不同的形式，即瓦斯扩散运动和瓦斯渗流运动。其中，吸附态瓦斯符合 Fick 定律，在孔隙中的运移为扩散过程。扩散运动主要发生在煤层的微小孔隙中，是由于煤体中瓦斯浓度分布不均匀，受浓度差的影响，瓦斯从浓度高的地方向浓度低的地方运移的现象，当浓度达到平衡时，扩散运动就会停止。游离态瓦斯符合 Darcy 定律，在裂隙中的运移为渗流过程。渗流运动主要发生在煤体中的微裂隙和较大的孔中，在孔隙、裂隙内外瓦斯压力梯度的作用下沿着压降的方向运移。一般情况下认为，瓦斯在煤体内两种运移方式同时存在。煤体中瓦斯运移受到的影响因素包括煤层结构、瓦斯的赋存状态、煤层的孔隙率和渗透率、初始瓦斯压力、原始瓦斯含量、煤层瓦斯的吸附常数等，诸多学者通过相似模拟试验、数值模拟等手段对瓦斯运移规律进行了大量研究[11]。

唐建平等[12]通过对注水煤层瓦斯运移规律进行系统的梳理研究，指出了注水煤层瓦斯运移规律研究的发展趋势。孙东玲等[13]通过巷道中突出煤—瓦斯两相流试验研究发现，突出煤颗粒运移距离随初始气流速度的增大呈增大趋势，随颗粒粒径的分布规律由于其符合的流动状态不同而不同。赵鹏翔等[14]通过采动覆岩裂隙演化物理相似模拟试验，研究了采动覆岩中卸压瓦斯的运移规律，并在现场实施高位钻孔抽采卸压瓦斯试验，为采动覆岩卸压瓦斯富集区的识别提供了一定的理论基础。杨科和刘帅[15]通过理论分析、实验室测试、相似模拟试验、现场观测的手段，研究了覆岩不同关键层结构远距离下保护层开采采动裂隙动态演化规律和卸压特征，以及多关键层运移对被保护层卸压瓦斯涌出动态的影响。罗振敏等[16]采用 FLUENT 模拟软件对采空区瓦斯运移规律进行研究，针对不同风速、遗煤升温及上隅角瓦斯浓度超限三类情况进行模拟研究。刘洪伟[17]系统分析综放工作面瓦斯涌出来源、流动特性及其影响因素，对“U+L”型通风方式的瓦斯运移规律进行研究，发现综放工作面采用“U+L”型通风方式，可以解决工作面瓦斯超限的问题。史建设等[18]通过物理相似模拟试验对急倾斜煤层多分层开采采空区的瓦斯运移规律进行试验研究，发现急倾斜采空区瓦斯从遗煤中解吸涌出后，大部分气体很快升到采空区最高处，且同一水平横向上扩散速率远大于向下的速率。张朝举等[19]提出采用顶板拦截定向钻孔进行瓦斯治理的方法，研究发现，顶板拦截定向钻孔可以有效预抽邻近煤层瓦斯，从源头上减少后期工作面回采时的采动卸压瓦斯涌出量。黄勇等[20]通过理论分析、数值模拟的方法研究了被保护层的动态卸压效应及瓦斯运移规律，研究表明，被保护层最大垂直应力随保护层工作面的推进降低了30%左右，采动卸压作用下被保护层瓦斯逐渐向采空区流动造成瓦斯压力下降，降幅可达35%。

1.3　煤层瓦斯抽采技术

瓦斯抽采是治理瓦斯的重要手段，瓦斯抽采钻孔参数的确定及钻孔间距的合理布置对瓦斯抽采效果具有直接的影响，诸多学者通过试验研究、数值模拟、现场测试等手段对其进行了大量研究。

郃伟卫[21]通过理论分析、现场实测的方法，优化工作面瓦斯参数，对工作面的瓦斯抽采数据分析研究，确定了工作面可以抽出的瓦斯量，最终工作面瓦斯抽采率达到48.4%，瓦斯抽采达标。张波等[22]在考虑瓦斯流动惯性和滑脱效应的基础上，建立瓦斯抽采流动模型，模拟分析单一钻孔和多钻孔情况下瓦斯压力分布规律，得出有效的钻孔布置参数。谢小平和耿耀强[23]采用理论分析和数值模拟相结合的方法，分析工作面顶板裂隙与卸压煤层瓦斯富集的关系，模拟工作面顶板采动裂隙分布与演化规律，并结合现场工作面的实际条件，确定顶板千米定向钻孔布置的技术参数。张磊等[24]通过现场布置试验钻孔，观测周围钻孔瓦斯压力的变化及抽采后的瓦斯含量变化值来判定钻孔影响区域，测试得出有效抽采半径为5 m。陈月霞等[25]采用三维数值模拟方法，得出单排不同数量钻孔抽采条件下煤层瓦斯压力及有效抽采区域的空间分布特征。江成等[26]通过多场耦合煤层气开采试验发现，抽采过程中本煤层瓦斯压力呈先快后慢的下降趋势，邻近层瓦斯压力则近似线性下降，随着抽采进行，本煤层变形增长速率逐渐减小，邻近层变形演化规律与本煤层基本一致。张飞等[27]采用COMSOL软件模拟初始瓦斯压力、渗透率、抽采负压、孔径和抽采周期等五个因素对煤层瓦斯抽采有效半径的影响，得到初始瓦斯压力对瓦斯抽采有效半径的影响最强，渗透率次之，抽采负压的影响最弱。

1.4　水力压裂技术研究现状

针对瓦斯含量高、渗透性低的煤层，需要对煤层进行卸压增透，以促进瓦斯抽采。诸多学者通过实验室真三维水力压裂物理模拟试验、数值模拟软件模拟压裂裂缝扩展规律、施工过程中压裂裂缝监测、井下压裂裂缝现场观测等手段对水力压裂技术进行了大量研究，为水力压裂技术在矿井生产中的应用提供了经验。

龚迪光等[5]通过富集函数定义初始裂缝（射孔孔眼），基于有限元模拟软件ABAQUS的水力裂缝扩展有限元法可对不同井型和诸多储层物性参数及压裂施工参数进行模拟分析，研究发现，射孔方位角对裂缝面的凹凸情况有明显影响，其余参数则不然。曲占庆等[28]模拟分析单径向井、垂向多径向井、水平多径向井情况下的裂缝形态，结合井身稳定及裂缝的充分扩展，优化布孔方案。刘泉声等[29]通过三维水力压裂数值模拟探究注液速度、初始裂隙间距和长度对裂隙空间分布的影响。张滨海等[30]结合有限差分油藏模拟器CMG和ABAQUS分析煤层动态地应力特征，为煤层气排采制度调整、加密井井壁稳定性分析、二次压裂优化设计等提供参考。李军等[31]研究水平地应力差和储层非均质性对水力裂缝随机扩展过程的影响，准确地描述复杂水力裂缝的随机扩展行为，为裂缝性页岩储层的数值模拟提供新手段。安峰辰等[32]通过模拟水平井分段压裂过程中套管的力学行为发现，在软硬交错地层中，采用水平井分段压裂时，注入压力与地应力之间的交变应力差会造成套管的大变形，且处于软硬交错地层处套管的疲劳寿命最短。马许平和曾庆利[33]基于ABAQUS扩展有限元法模拟研究单射孔压裂、两射孔异步压裂、两射孔同步压裂三种工况对水力裂缝扩展路径、裂缝宽度、裂缝长度、射孔眼孔压等参数的影响。刘永强[34]提出在工作面切眼处采用水力压裂技术弱化坚硬顶板，通过理论计算和数值模拟弱化及未弱化条件下坚硬顶板破断特征及采动应力演化规律，并通过现场验证发现，采动应力在切缝两侧呈现出“激增”“骤降”的非对称分布特征，非对称应力扰动降低了顶板岩层的初次来压步距。

水力压裂技术有地面钻井压裂和井下水力压裂两种，人为地增加煤层孔隙和裂隙、提高煤层透气性、增透促抽本煤层，在煤层增透中得到广泛应用。

1.5 采空区瓦斯与火治理

瓦斯与火复合灾害是煤炭开采中的一种严重安全威胁，尤其在采空区内更加突出[35-37]。学者们对采空区瓦斯与火复合灾害进行了广泛研究。

周福宝等[38-39]分析了我国主要矿区矿井的瓦斯与煤自燃复合灾害，并提出了复合灾害致灾的充要条件。慕兰兰等[40]利用数值模拟研究了不同抽采条件下邻近采空区瓦斯浓度、温度和氧气浓度的分布规律，并提出了综合考虑抽采效率以防止遗煤氧化自燃。朱鹏飞[41]研究了高位钻孔对采空区瓦斯与火耦合灾害危险区域的变化规律。董强[42]利用 CFD 分析了采空区多因素影响下瓦斯与火复合灾害的演变规律，得到了复合灾害共治平衡点参数。贾廷贵等[43]利用 COMSOL 对采空区瓦斯治理过程进行了模拟，并得出了采空区多场耦合的致灾规律。周全超[44]研究了通风、抽采、注氮等有关因素对采空区复合灾害的影响，提出了利用“Y+高位钻孔”的联合措施治理采空区复合灾害。张巨峰等[45]采用多场耦合发现采空区复合灾害主要是采空区裂隙场内漏风、蓄热、瓦斯等多场耦合的结果。信亚男[46]通过数值模拟和现场应用相结合的方法，分析了高抽巷对采空区复合灾害的影响规律，提出优化高抽巷的抽采参数。ZOU 等[47]基于 DEM-CFD 危险区域重构的方法，研究了采空区煤自燃与瓦斯灾害耦合危险区域的三维空间特征，构建了满足 O_2 浓度场、CH_4 爆炸极限浓度场和裂隙场耦合的采空区危险区域三维形态。ZHENG 等[48]利用试验分析了煤矿采空区瓦斯条件下煤自燃多场演化规律及关键影响因素，发现采空区漏风量与煤自燃强度呈正相关，与采空区甲烷积聚范围呈负相关。BEAMISH[49]通过煤氧化升温试验，分析了不同条件下含瓦斯煤样和无瓦斯煤样氧化升温速率的变化规律。

2 地面与井下钻孔联合抽采技术

2.1 UDFD 地面压裂机理研究

煤是一种结构复杂的多孔介质，内部存在着大量的裂隙。水力压裂技术可以提高煤层透气性，本节对 UDFD 技术地面压裂部分进行理论分析，介绍了水力压裂地面竖井的围岩特征、水力压裂裂缝的起裂机理、裂缝的破坏形式、裂缝的延伸扩展规律及水力压裂的卸压增透作用。

2.1.1 竖井围岩特征

在地面往井下打地面压裂井，会对井筒周围的岩石等造成一定的破坏，使井筒周围形成新的原岩应力分布。井筒周围的原岩应力划分[50]如图 2-1 所示。

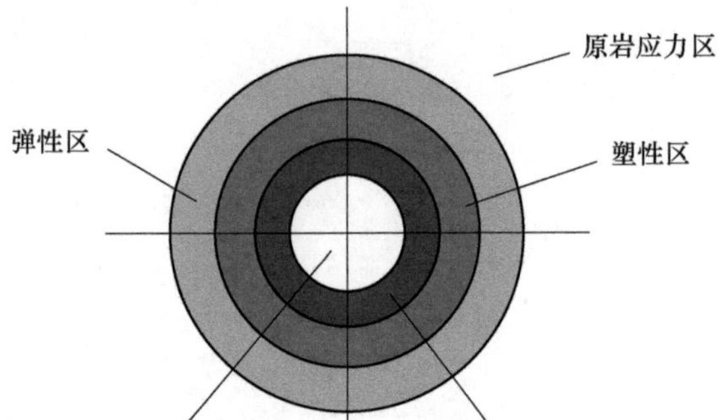

图 2-1 地面井周围应力划分

图 2-1 中井筒代表从地面向井下打的地面井筒；破裂区指由于施工地面井筒，对井筒周围岩体造成破坏，煤体破断，破裂区域的煤体之间靠相互之间的摩擦阻力来维持原来的状态；塑性区煤体发生弹塑性变形，内部产生新的裂隙，新产生的裂隙朝着弱面方向延伸；弹性区内煤体处于弹性变形状态，原生裂隙仍是内部主要裂隙，由于受弹性变形，原生裂隙弱面会在尺度上发生一些改变；原岩

应力区是指未受地面钻井施工的影响，应力仍是原始应力状态的区域。

2.1.2 煤层水力压裂起裂机理

水力压裂是从石油行业引进的一种技术，近年来在煤炭行业得到广泛应用。水力压裂机理是在施工的过程中，普通水经高压压裂泵组加压后变为高压介质，高压介质经地面井筒压裂管线流入井下压裂钻孔后，进入煤层的天然裂隙，水压力产生并作用于煤层弱面的法向拉应力开始大于煤层的抗拉强度与地应力在该方向的分量之和时，煤层的弱面产生破坏，煤体开始出现破裂损伤，煤层弱面产生张开、扩展和延伸，弱面破裂首先从一级弱面开始发生破裂，弱面裂隙的空间体积增加，压裂液充满一级弱面后，作用于二级弱面，然后二级弱面发生破裂，再然后是三级弱面发生破裂，并使得裂隙之间连通，弱面破裂、压裂液充满裂隙、裂隙扩展延伸持续进行，裂隙之间形成连接贯通的裂隙系统，增加煤层的渗透率，同时，煤层内部原始应力重新分布，在水力压裂影响范围内形成卸压和增透的双重效果，从而提高瓦斯抽采效果，如图 2-2 所示。

注水压力大于煤层的渗失水压是水力致裂过程得以完成的首要条件，是裂缝沿着弱面在煤体中得以延伸的前提。其中，注水压力是由压裂泵组设备提供，而煤层的渗失水压是由煤层的孔隙、渗透等结构特征决定，当注水流量大于煤层的吸收速率时，大量水通过渗透润湿煤层失去一部分水压，剩余水在注水压力的高压下不断冲击煤体弱面，完成压裂裂缝的延伸扩展。

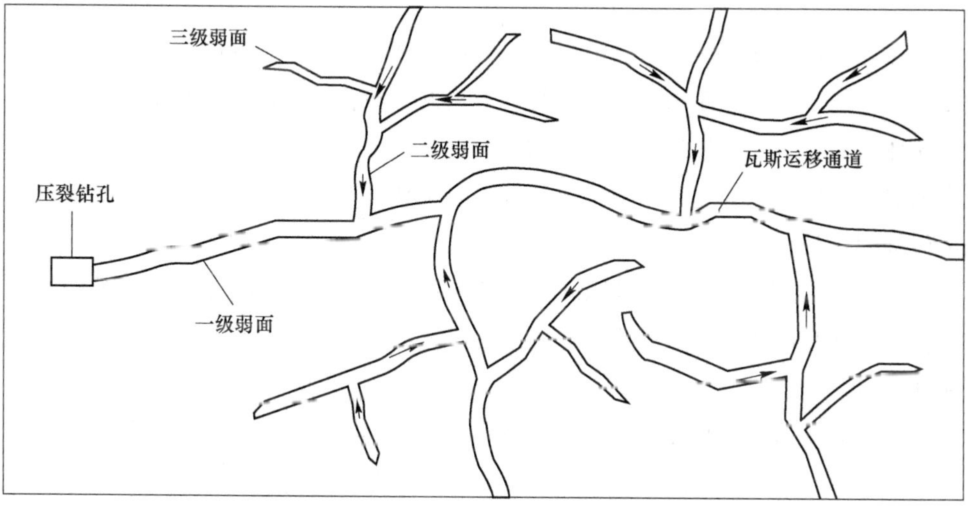

图 2-2　水力压裂裂缝扩展图

2.1.3 水力压裂裂缝的破坏形式

煤体承受不同的外界应力会产生不同的破坏类型，根据裂缝面的相对位移可以将裂缝的破坏分为三种[51]，如图 2-3 所示。

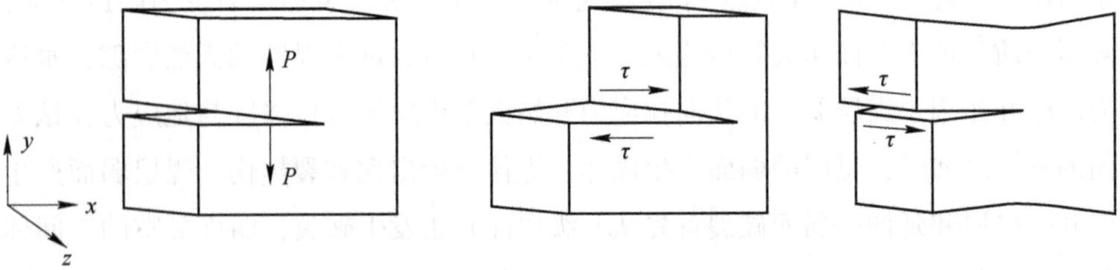

图 2-3　水力压裂裂缝破坏类型

（a）张开型裂缝；（b）滑开型裂缝；（c）撕开型裂缝

由图 2-3 可知，在水力压裂的过程中，煤体产生破裂，一般会形成三种类型的裂缝：煤体裂缝达到破裂压力后沿着裂缝表面在 y 轴方向上下张开，形成张开型裂缝；煤体达到破裂压力后沿裂缝表面在 x 轴方向产生相对位移，形成滑开型裂缝；煤体达到破裂压力后沿着裂缝表面在 z 轴方向产生相对位移，形成撕开型裂缝。

2.1.4 水力压裂卸压增透作用

对煤层进行水力压裂，会使煤体弱面发生破裂，天然裂缝的宽度、长度及高度都会增加，使得高压水的存储空间越来越大。随着注水量的不断增大，孔隙内部流体压力大于煤层渗失水压且注水流量大于煤层吸收速率，使煤体产生破裂，增加煤层渗透率，强化瓦斯抽采效果。水力压裂技术主要从以下几个方面起到增透促抽的作用：

（1）增加煤体孔隙率，降低煤体孔隙及裂隙周围瓦斯压力，提高煤层透气性，游离态瓦斯浓度的降低也导致瓦斯解吸速度的提高，增大瓦斯在煤体中的流速和流量。

（2）润湿煤层，降低煤层弹性性能、强度、储气性能等，增加煤体塑性。

（3）扩大瓦斯抽采影响半径，缩短瓦斯抽采达标时间，提高瓦斯抽采效率。

2.2 UDFD 联合抽采技术

2.2.1 UDFD 联合抽采技术原理

"井下打孔+地面压裂+井下抽采一体化"技术[52]（简称 UDFD 技术）是通过对井下打钻、封孔、致裂增透、抽采工艺进行有机改造，把井下钻孔、地面压裂、井下抽采三个环节相联合的技术体系。该技术是地面压裂开采技术与井下瓦斯抽采技术相结合而产生的新型瓦斯治理技术，克服了两者的缺点，将各自的优点结合起来，以实现两种技术的优势互补，避免了井下增透难度大、效果差，地面抽采受地形限制及抽采提产缓慢等缺点。

其工艺原理是在地面布置压裂设备，通过地面井筒及井下巷道高压管路，将地面压裂设备和井下压裂抽采钻孔相接，将高压介质注入井下压裂抽采钻孔，对煤层进行压裂增透，增加煤层裂隙，提高煤层透气性，随后利用油气排水降压采气和井下负压抽采技术进行抽采，提高本煤层瓦斯抽采效果，实现压裂及其影响区内的快速抽采达标，如图 2-4 和图 2-5 所示。该技术能够降低钻孔工程量、缩短工作面抽采达标预抽时间；在中深部区域实施大规模压裂增透，提高压裂区域瓦斯抽采效率，缓解工作面采掘衔接紧张的局面。

UDFD 技术通过铺设长距离高压管线接触煤层的方式，将煤层气井的作用通过高压管线予以实现。每次需要压裂新的井下钻孔时，则延续压裂管线。因此，在该技术体系下，高压管线和井下压裂孔取代了地面井筒。通过这样的设计，实现地面油气压裂设备与煤矿井下瓦斯治理孔的直接连接，即可对井下主采煤层的掘进条带和工作面实施压裂增透。

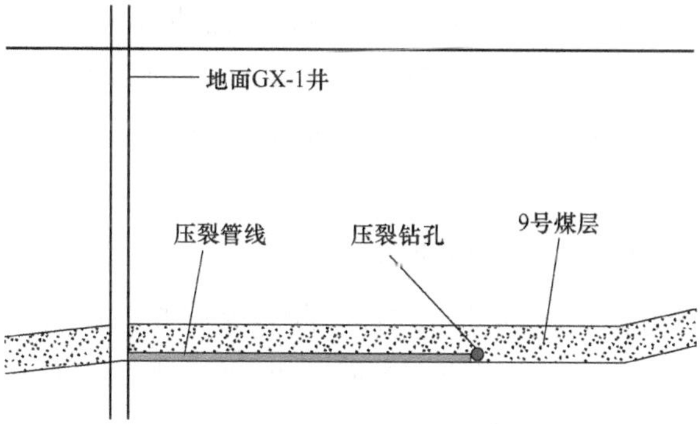

图 2-4 UDFD 技术平面图

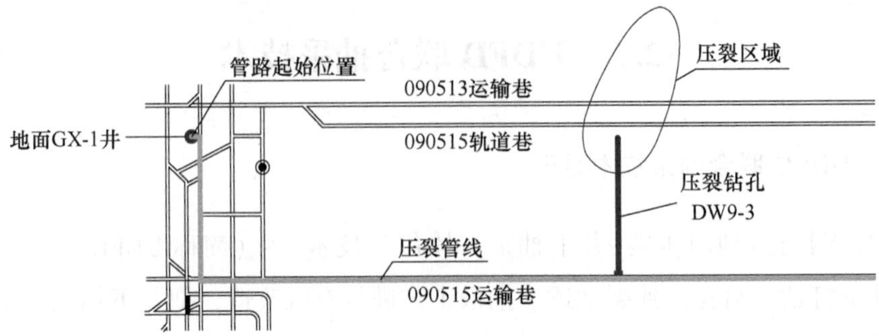

图 2-5 UDFD 技术俯视图

2.2.2 UDFD 联合抽采技术的优越性

水力压裂技术是从石油领域引进，可以实现煤层增透的一种技术。水力压裂又可以分为井下压裂增透和地面压裂增透两种[53-54]。

常规的井下压裂存在的许多问题，例如：井下巷道空间小，大型设备在井下压裂受限，并且受井下空间限制，井下压裂的施工规模和施工排量受限，影响压裂效果[55-56]；井下压裂的设备工作能力弱，不能实现大面积致裂；井下压裂钻孔长度短，无法触及远离工作面的原场坚硬顶板[57-58]；在工作面施工时影响正常的施工活动。地面钻井压裂可以压裂煤层至地表的任一煤层，在地面可以使用大型的高性能压裂设备，且具有施工安全方便、技术成熟、影响范围大、利用率高等优点[59-61]。

UDFD 技术将地面压裂与井下抽采相结合，通过在地面布置压裂设备，在地面施工管线输送井，将高压介质注入井下，就可以对段王矿 9 号煤层和 15 号煤层实现大范围压裂增透。在井下沿巷道布置压裂管线，将煤层气井的作用通过高压管线予以实现，高压管线和井下压裂孔取代地面井筒，并且高压管线可作为基础设施，多次使用，大大节约了压裂煤层的成本。因此，UDFD 技术可以极大地提高瓦斯抽采效率，减小煤层瓦斯含量，减小施工成本，降低抽采达标时间，保障煤矿安全高效的开采。

UDFD 技术在其他方面的优越性还有：

(1) 兼顾资源开采总量和抽采达标时间。煤矿井下瓦斯治理技术的目的是尽快抽出主采煤层瓦斯，以便尽快实施掘进和实现工作面瓦斯达标，地面煤层气开采的技术目的是尽可能多地抽采出煤层气，以提高采收率。前者强调抽采达标时间，后者着重资源开采总量。UDFD 技术的目的是，在尽可能多地抽采煤层瓦斯资源的同时尽可能快地抽采达标。

（2）可对煤层实施高压力、大排量压裂。通过地面压裂设备向井下注入高压介质、井下铺设长距离高压管线接触煤层压裂钻孔的方式，对煤层实施大范围压裂。

（3）压裂液组分复杂，具备裂缝支撑作用。压裂液组分包括清水、起泡剂、稳定剂、黏土稳定剂、超临界 CO_2、液氮、粉砂、细砂等，对产生的裂缝采取砂粒支撑措施，有效防止裂缝闭合。煤矿井下常规压裂基本只用单纯的清水，不具备裂缝支撑作用。

（4）注液泵流量大，注液速度快，流量高达 8 m^3/min。煤矿井下常规压裂每分钟排量仅为 0.3 m^3/min，形成裂缝能力较弱，效果类似于注水。增大压裂增透面积，实现区域治理。微地震裂缝监测，穿层孔单次压裂，立体网状裂缝延伸面积接近 20000 m^3。若顺层长孔分段压裂，增透面积会更大。

（5）监测手段先进。UDFD 压裂施工过程中，采用微地震监测技术实时跟踪监测裂缝延伸方向和影响范围。据此有针对性地布孔，可最大限度避免抽采盲区。煤矿井下常规压裂无监测手段。

（6）治理面积大，消除局部集中应力，降低突出危险。压裂后，地应力重新分布，削峰填谷，趋于均衡，局部集中应力得到释放，消除了诱突因素；煤层透气性提高，改善瓦斯抽采效果，缩短抽采达标时间，缓解采掘接替紧张的局面；工作面煤尘变小，作业环境得到改善。煤体压裂后，变得湿润，采掘面煤尘明显变小。

（7）工作面瓦斯变小，安全有保证。因抽采效果好，采掘面瓦斯涌出量减少，瓦斯浓度降低，相应配风量减少，消除了安全隐患。

（8）瓦斯利用率提高，节能减排。压裂抽采，瓦斯浓度高，瓦斯作为优质清洁能源，可全部利用，变废为宝，防止温室效应，维护生态环境。

2.2.3 UDFD 的可行性分析

2021 年，UDFD 瓦斯治理技术应用于龙凤煤矿并取得了很好的增透增产效果，单孔日抽采瓦斯量高达 3000 m^3，浓度接近 100%。龙凤煤矿 LF9-1 孔的成功实施证明了该技术的可行性，为段王矿应用该技术奠定了基础，具体表现为：

（1）UDFD 技术在工艺上是可行的。高压管线敷设固定、井下钻孔、下套管固孔、地面压裂、放溢流、瓦斯抽采等各环节的施工操作简单易行。

（2）施工安全有保障。管线承压强度、套管固孔强度满足压裂要求，没有出现管线刺漏爆裂、孔口泄漏。布孔安全距离设计合理，没有向周边钻孔、巷道、采空区、地质构造等空间泄漏。UDFD 压裂施工在地面进行，井下人员全部撤离，可确保人身安全。

（3）治理面积大，可实现煤层区域消突。通过地面微地震裂缝监测证实，单次压裂可实现面积近 20000 m^2、煤 80000 余吨（80 m×240 m×2.8 m×1.5 t/m^3）增透。

（4）可持续稳定排水降压，短期内实现卸压（降压）和采气，转入负压抽采阶段。

3　UDFD 技术数值模拟研究

煤层内部拥有大量的孔隙裂隙，通过 UDFD 技术向煤层中注入高压介质，高压介质破坏煤层弱面，裂缝发生扩展和延伸，煤层中裂隙之间相互贯通，形成瓦斯运移通道，改善井下渗流条件，增加煤层渗透率和孔隙率。为了对“井下打孔+地面压裂+井下抽采一体化”技术水力压裂做出更加深入的探讨，本章采用控制变量的方法对不同角度裂缝、压裂时长、注入量等参数对裂缝扩展规律的影响展开研究。

3.1　煤层水力压裂数值模拟研究

3.1.1　水力压裂数值模拟理论方程

3.1.1.1　煤体基质平衡方程

水力压裂有效应力与总应力关系方程为[62]：

$$\sigma_{w} = \sigma + P_{w} I \tag{3-1}$$

式中　σ_w——岩石有效应力矩阵，MPa；

σ——岩石总应力矩阵，MPa；

P_w——储层孔隙压力，MPa；

I——单位矩阵。

任意时刻应力平衡方程由虚功原理[63]得出：

$$\int_V \delta\varepsilon\sigma \mathrm{d}V = \int_V \delta v \mathrm{d}S + \int_V \delta v \hat{f} \mathrm{d}V \tag{3-2}$$

式中　$\delta\varepsilon$——虚应变场；

V——划分网格后当前构型所占体积，m^3；

S——划分网格后当前构型所占表面积，m^2；

δv——节点虚速度场，m/s；

$\hat{f}$——不考虑流体重力的单位体积力，N/m^3。

流体经过网格时所满足的连续性方程[64]为：

$$\frac{1}{J}\frac{\partial}{\partial t}(J\rho_{\mathrm{w}}n_{\mathrm{w}})+\frac{\partial}{\partial X}(\rho_{\mathrm{w}}n_{\mathrm{w}}v_{\mathrm{w}})=0 \tag{3-3}$$

式中　J——水力压裂过程在岩石体积中的变化率；

t——时间，s；

ρ_{w}——流体密度，kg/m^3；

n_{w}——孔隙比；

v_{w}——流体渗流速度，m/s；

X——空间向量，m。

压裂的数值模拟认为孔裂隙中的流体服从 Darcy 定律：

$$v_{\mathrm{w}}=\frac{\kappa}{n_{\mathrm{w}}g\rho_{\mathrm{w}}}\left(\frac{\partial\rho_{\mathrm{w}}}{\partial x}-\rho_{\mathrm{w}}g\right) \tag{3-4}$$

式中　κ——岩石介质渗透系数矩阵，m/s；

g——重力加速度，m/s^2。

3.1.1.2　流体流动准则

ABAQUS 模拟压裂单元流体切向流动可用牛顿流压力传动公式表示：

$$Q=-\frac{d^3}{12\mu}\nabla P \tag{3-5}$$

式中　Q——单元体积流量密度向量；

∇P——破裂裂隙面流体压力梯度，MPa/m；

d——增强单元裂隙面的张开位移，m；

μ——流体黏度，Pa · s。

流体单元上下表面法向流动的表达式为：

$$\begin{cases}q_{\mathrm{t}}=C_{\mathrm{t}}(P_{\mathrm{i}}-P_{\mathrm{t}})\\ q_{\mathrm{b}}=C_{\mathrm{b}}(P_{\mathrm{i}}-P_{\mathrm{b}})\end{cases} \tag{3-6}$$

式中　q_{t}，q_{b}——流体在破裂单元流动时上、下表面体积流速，m^3/s；

C_{t}，C_{b}——流体在破裂单元流动，上、下表面滤失系数，m/s$^{\frac{1}{2}}$；

P_{t}，P_{b}——破裂单元上、下表面的孔隙压力，MPa；

P_{i}——破裂单元流体压力，MPa。

3.1.2 模型建立及参数选择

ABAQUS 是个功能强大、应用极广的有限元数值模拟软件，它提供了多种岩土本构的二维、三维模型，可以在软件内直接进行网格划分，通过设置不同的模拟参数、模型周围受力条件等，处理岩体的裂缝扩展等复杂问题及内部应力变化问题。

水力压裂过程涉及损伤力学、岩石力学、流体力学、弹性力学、断裂力学等力学问题和多物理场耦合问题，为研究方便，应用 ABAQUS 2020 数值模拟软件建立二维平面模型，模型尺寸为 300 m×300 m，对模型进行网格划分，采用扩展有限元法对水力压裂效果进行研究。

实际水力压裂的过程较复杂，数值模拟需对其进行一定的假设：

（1）煤质为各向同性多孔介质；

（2）忽略煤层中原本的天然裂隙；

（3）忽略施工压裂钻孔对煤层造成的影响；

（4）不考虑实际压裂液中粉砂等支撑剂；

（5）假设流体为不可压缩流体；

（6）流体在裂缝内为充满状态；

（7）模拟时不考虑温度场对流体的影响。

具体模拟参数设置如表 3-1 所示。

表 3-1 ABAQUS 数值模拟基础参数

参　数	数值	参　数	数值
杨氏模量/GPa	1.8	空隙率/%	2.84
煤层密度/(t·m^{-3})	1.42	抗拉强度/MPa	1.2
泊松比	0.3	渗透系数/(m·s^{-1})	1×10^{-7}
滤失系数	1×10^{-14}	破坏位移	0.001
竖直地应力/MPa	18	水平地应力/MPa	14

在水力压裂的过程中，由于高压介质流经裂缝时，初始裂缝不发生偏移，因此可以将初始裂缝近似表示成一条直线，使用 ABAQUS 中的 XFEM 设置初始裂缝，在模型中心处设置注水点。模拟模型及网格划分、初始裂缝设置、模型四周边界设置如图 3-1 所示，图中的中心红色点表示在 z 方向的初始裂缝。

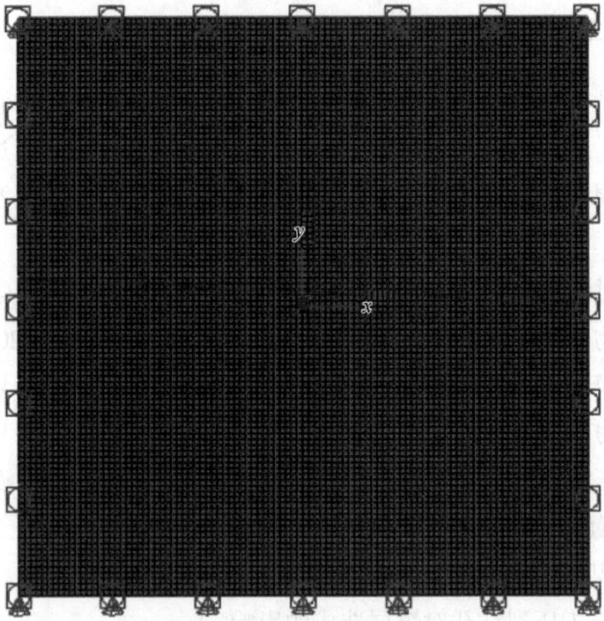

扫码看彩图

图 3-1　模拟模型及网格划分

3.1.3　不同角度的初始裂缝延伸扩展规律

采用控制变量的方法，在其他参数不变的情况下，设置初始裂缝角度为 0°、45°、90°，分析裂缝的延伸扩展情况，设置注水时间为 100 min，注水流量为 0.08 m^3/s，裂缝长度设置为 0.5 m。0°、45°、90°角初始裂缝不同时间的裂缝扩展结果如图 3-2~图 3-4 所示，图 3-2~图 3-4（a）均为将局部裂隙区域放大后的模拟结果。

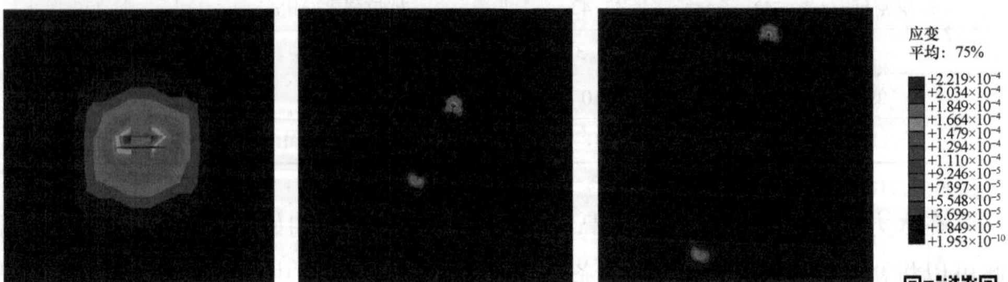

(a)　(b)　(c)

扫码看彩图

图 3-2　0°角初始裂缝扩展图

（a）1 min；（b）10 min；（c）40 min

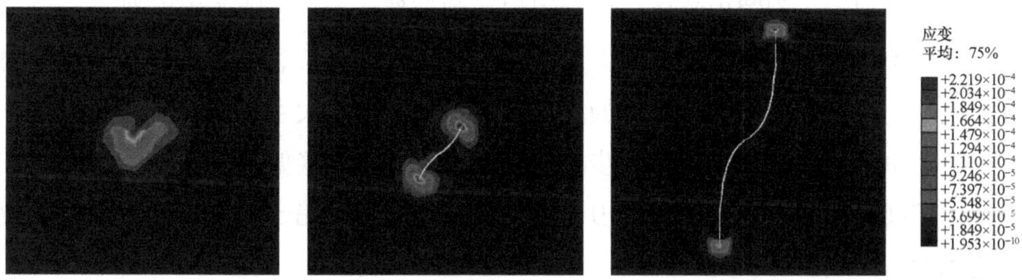

(a) (b) (c)

图 3-3 45°角初始裂缝扩展图

（a）30 s；（b）5 min；（c）40 min

扫码看彩图

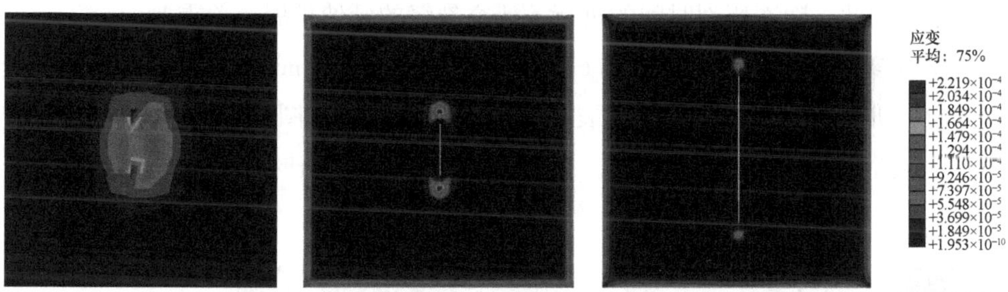

(a) (b) (c)

图 3-4 90°角初始裂缝扩展图

（a）10 s；（b）40 min；（c）80 min

扫码看彩图

由模拟结果可知，当竖直方向地应力大于水平方向地应力时，不同角度裂缝最终都会向着竖直方向偏转，即裂隙会朝着最大主应力方向延伸。0°、45°、90°角的初始裂缝破裂时间分别为 1 min、30 s、10 s，初始裂缝与最大主应力方向夹角越大，裂缝破裂时间越长。

由数值模拟结果可以看到，裂缝扩展是裂缝两端点双向的扩展。随着压裂的进行，注水流量的增加，裂缝内部逐渐充满液体，当裂缝内部流体压力达到煤层的破裂压力，裂缝产生破裂，裂缝得到扩展延伸。

通过模拟不同角度初始裂缝的裂缝延伸扩展情况，可以将水力压裂的延伸扩展大致分为以下三个阶段：

第一阶段：初始裂缝破裂前。这段时间的长短取决于初始裂缝与最大主应力方向的夹角大小，夹角越大，破裂所需时间越长。裂隙破裂之前，随着注水流量的增加，裂隙内的压力会快速上升，当水分充满裂隙时，会有一段憋压的时间，这段时间会很短，裂隙内流体压力会很快达到破裂压力，裂隙产生破裂。

第二阶段：裂缝向最大主应力方向偏转阶段。裂隙破裂后，会向裂缝自身的方向延伸，并逐渐向最大主应力的方向偏转，最终沿最大主应力方向延伸。

第三阶段：裂缝在煤体中稳步扩展延伸阶段。当裂缝偏转为向最大主应力方向延伸扩展后，裂隙内的流体压力会缓慢上升，并逐渐趋于稳定，在此之后，裂隙进入稳步扩展阶段。

3.1.4　压裂时长对裂缝扩展规律的影响

压裂时间是影响压裂效果的重要参数，压裂时间的长短直接影响着压裂范围的大小，因此，随着压裂时间的进行，研究裂缝的延伸扩展至关重要。

模拟参数设置为注水量 0.08 m^3/s，压裂时长为 100 min，初始裂缝设置为竖直方向，研究不同压裂时间段的裂缝延伸扩展规律，如图 3-5 所示，其中图 3-5（a）为裂缝破裂的局部放大图。裂缝内部流体压力随时间变化曲线如图 3-6 所示。

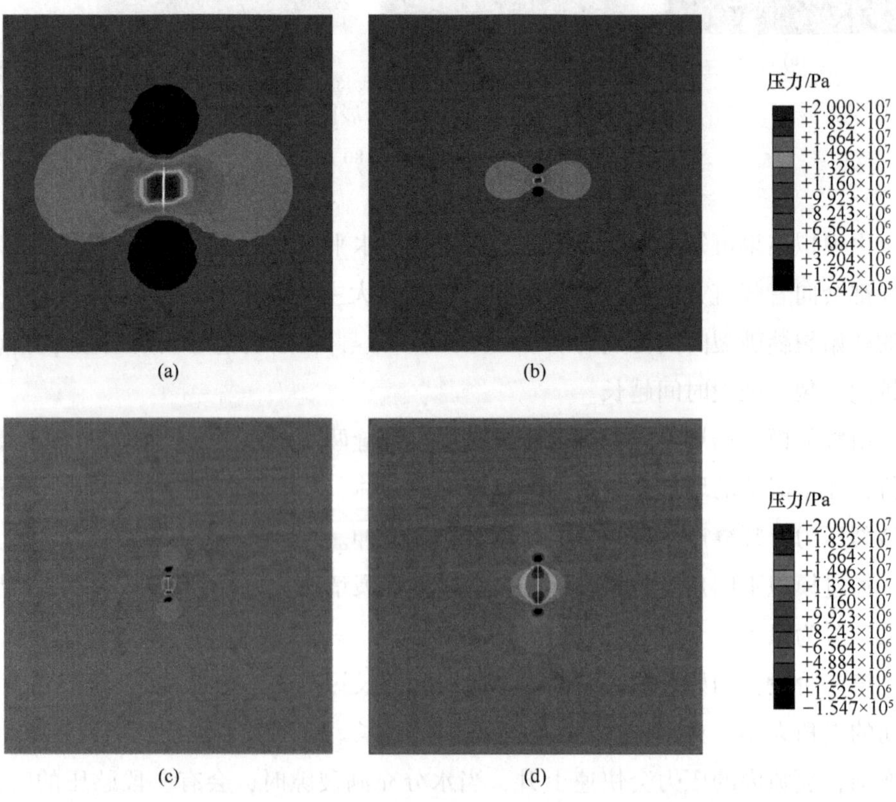

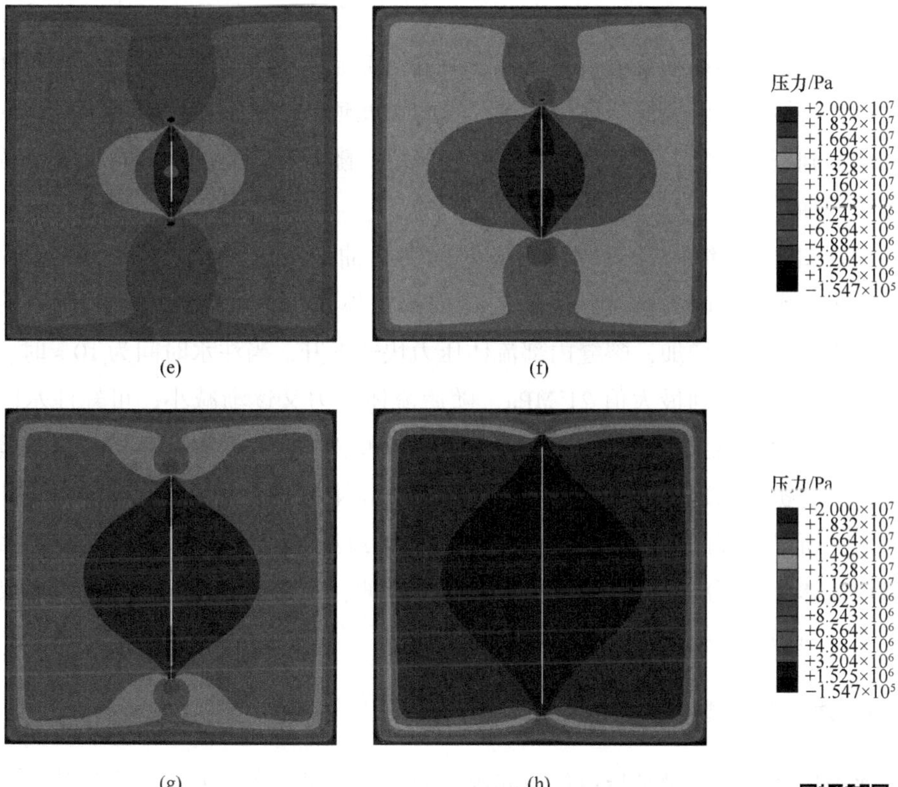

扫码看彩图

图 3-5　不同压裂时间的数值模拟结果图

（a）10 s；（b）5 min；（c）10 min；（d）20 min；

（e）40 min；（f）60 min；（g）80 min；（h）100 min

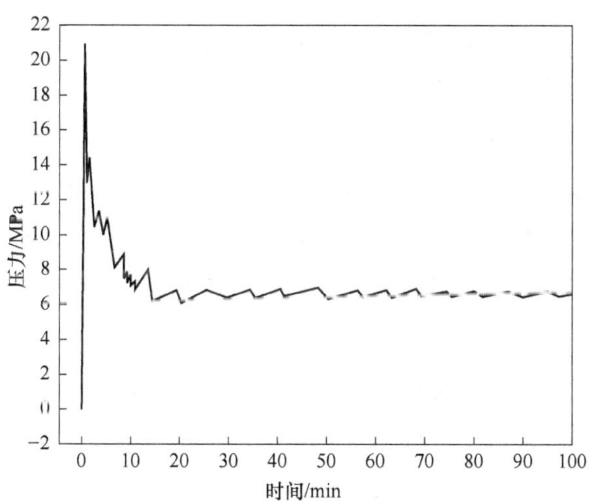

图 3-6　裂缝内部流体压力随时间变化曲线

由图 3-5 可知，压裂时间为 0 时，煤体及裂缝处于原始状态，之后随着高压介质的注入，液体逐渐充满裂缝内部，裂缝内部流体压力逐渐上升；压裂时间为 10 s 时，煤体发生破裂，裂缝得到进一步的扩展延伸，这个阶段裂缝以较快的速度延伸，到压裂后期，裂缝处于稳步扩展阶段，随着压裂时间的进行，裂缝的长度稳步增加。

根据图 3-6 裂缝内部流体压力随时间变化曲线可以看到，当注水时间为 0 时，尚未注水，此时为初始状态，裂缝内部流体压力为 0 MPa；随着压裂的进行，注水流量逐渐增加，裂缝内部流体压力快速上升，当注水时间为 10 s 时，裂缝内部流体压力达到最大值 21 MPa，随后流体压力又逐渐减小，可知注水时间 10 s 时，此时的裂缝内部流体压力大于裂缝的破裂压力，裂缝产生破裂，裂缝得到进一步的扩展和延伸，裂缝扩展后，裂缝空间体积增大，导致裂缝内部流体压力降低，所以裂缝的破裂压力就是 21 MPa；裂缝破裂后，压裂液快速充满裂缝，裂缝内流体压力再次上升，裂缝再次破裂、延伸，水力压裂过程以此继续破裂煤层，直至压裂结束。

3.1.5 注入量对裂缝扩展规律的影响

水力压裂的注入量是指单位时间内压力泵向煤层中注入的高压介质体积，注入量对压裂效果的好坏有着极大的影响，注入量越大，压裂效果越好，注入量越小，压裂效果越差。但是由于注水泵的泵压限制，无法保证注入量的持续增大，且压裂管路承压能力有限，压力过大，会破坏压裂管路，因此注入量不能无限增大，确定合理的注入量才能保证安全高效地压裂。采用控制单一变量的方法，控制其他参数不变的情况下，改变注入量，设置注入量为 0.02 m^3/s、0.04 m^3/s、0.06 m^3/s、0.08 m^3/s、0.10 m^3/s、0.12 m^3/s，研究不同注入量对压裂效果的影响，不同注入量压裂 100 min 的裂缝扩展延伸结果如图 3-7 所示，不同注入量压裂 100 min 的裂缝延伸长度及注水点处裂缝宽度如表 3-2 所示，压裂时间为 100 min，初始裂缝延伸扩展长度及裂缝扩展宽度随不同注入量的变化曲线如图 3-8 所示。

由表 3-2 不同注入量的前提下裂缝延伸长度和扩展宽度情况和图 3-8 数值模拟的规律可得，同等条件下，随着注入量的逐渐增大，裂缝延伸长度和扩展的宽度均呈现逐渐扩大的趋势，压裂的注入量为 0.02 m^3/s 时，裂缝延伸长度为 200.3 m，裂缝扩展宽度为 2.91 mm，当注入量为 0.12 m^3/s 时，裂缝延伸长度为

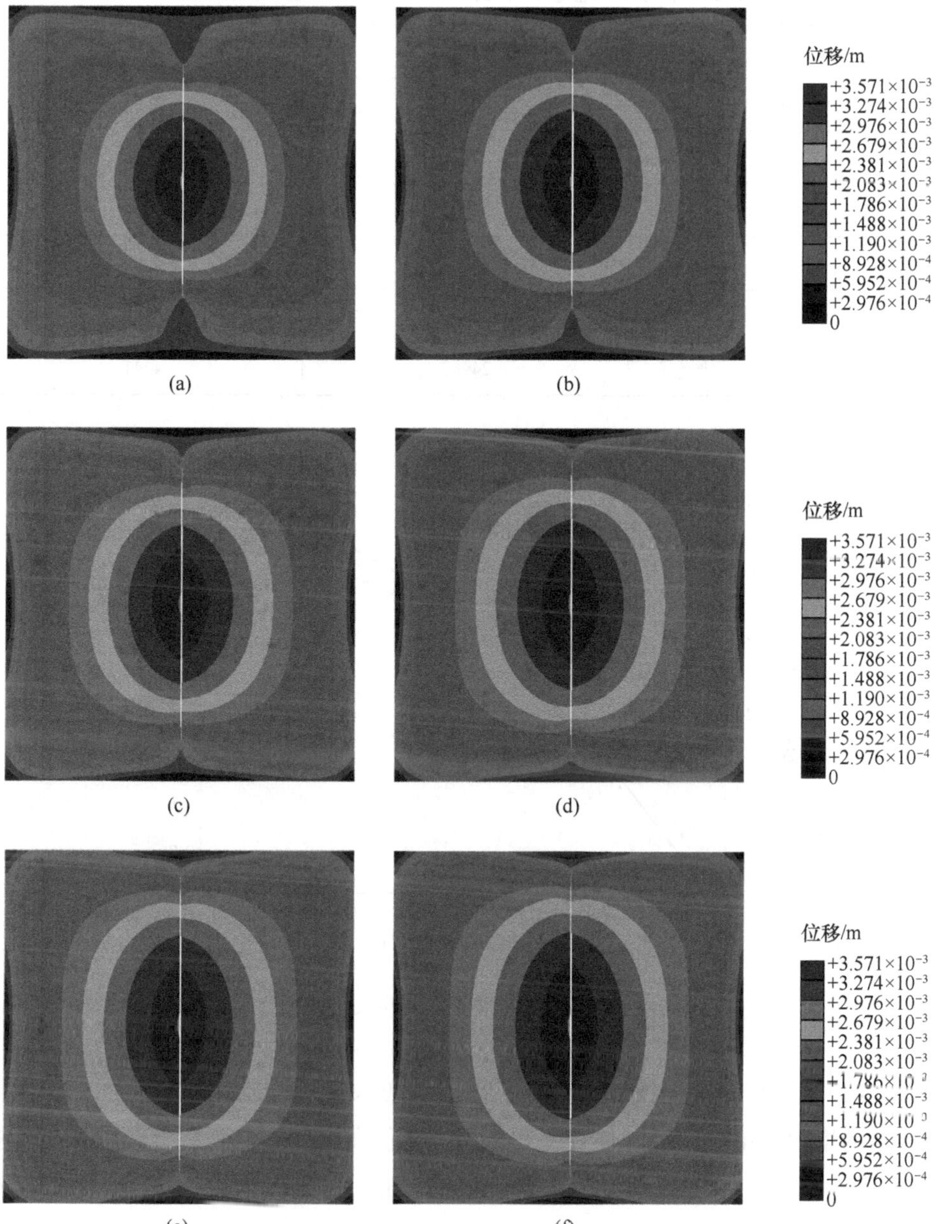

图 3-7 不同注入量的裂缝延伸扩展图

（a）0.02 m^3/s；（b）0.04 m^3/s；（c）0.06 m^3/s；（d）0.08 m^3/s；（e）0.10 m^3/s；（f）0.12 m^3/s

扫码看彩图

表 3-2　不同注入量条件下压裂 100 min 的裂缝长度及宽度

注入量/($m^3 \cdot s^{-1}$)	裂缝延伸长度/m	裂缝扩展宽度/mm
0.02	200.3	2.91
0.04	215.8	3.42
0.06	228.3	3.81
0.08	238.2	4.07
0.10	245.1	4.28
0.12	249.2	4.41

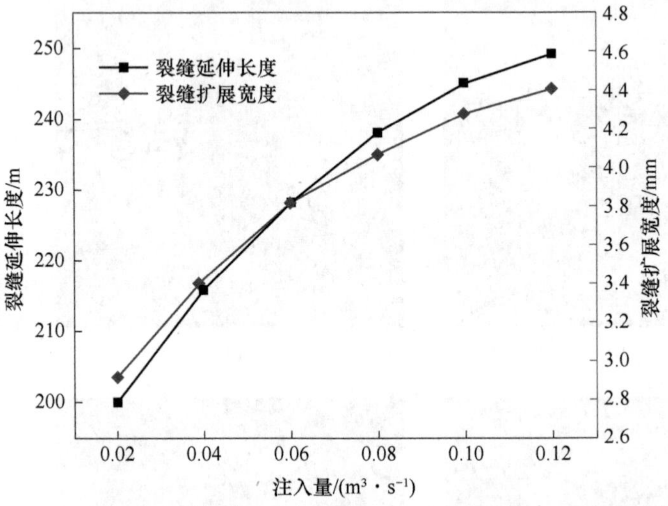

图 3-8　裂缝延伸扩展长度随注入量变化曲线

249.2 m，裂缝扩展宽度为 4.41 mm，注入量越大，压裂效果越好。然而，随着注入量的增大，虽然裂缝延伸长度和扩展宽度仍在增加，但是裂缝延伸长度和扩展的宽度的增长速率都呈现出减小的趋势，因此，随着注入量的增大，裂缝的延伸长度和扩展宽度是缓慢增长的，而非线性增长。水力压裂实际的施工中，由于注水泵的泵压限制和压裂管路承压能力的限制，水力压裂的注水量也无法无限地持续增大。在实际施工的过程中，考虑到注水泵的泵压限制和压裂管路承压能力，可以适当增加注入量，以扩大压裂影响范围，使水力压裂取得更好的效果。

3.2 瓦斯抽采模型的构建与分析

3.2.1 数值模拟研究方法与目标

综合考虑瓦斯抽采效果的影响因素和研究目标，得到数值模拟的研究方法与目标：考虑到钻孔抽采效果的叠加作用，建立双孔抽采模型，采用控制单一变量的方法对双孔进行抽采模拟，分析不同钻孔直径、不同抽采负压、不同钻孔间距的瓦斯抽采效果。本研究采用相对瓦斯压力指标法，将煤层瓦斯压力下降51%及以下区域作为预抽达标区域，以抽采钻孔为中心，钻孔周围瓦斯压力下降到0.24 MPa及以下就为抽采达标。通过数值模拟得到有效的最佳钻孔间距、抽采钻孔直径、抽采负压等参数，使得抽采区域在规定时间内瓦斯压力降低到安全值，最佳钻孔间距不仅可以保证瓦斯抽采达标时间，还可以使钻孔布置得更加科学合理。

3.2.2 主要控制方程

煤是孔隙和裂隙组成的多孔介质，其中吸附态瓦斯符合 Fick 定律，在孔隙中的运移为扩散过程，游离态瓦斯符合 Darcy 定律，在裂隙中的运移为渗流过程[65]。

瓦斯在孔隙中扩散满足质量守恒方程[66]为：

$$\frac{\partial c}{\partial t} + \nabla(-D\nabla c) = -Q \tag{3-7}$$

式中 c——吸附态瓦斯浓度，kg/m^3；

t——扩散时间，s；

D——扩散系数，m^2/s；

Q——汇源项。

吸附态瓦斯含量，可由广义 Langmuir 方程表示为：

$$c = \rho\rho_c \frac{V_L P}{P + P_L} \tag{3-8}$$

式中 ρ_c——煤体密度，kg/m^3；

P——瓦斯压力，MPa；

ρ——游离态瓦斯密度，kg/m^3；

V_L——Langmuir 体积常数，m^3/kg；

P_L——Langmuir 压力常数，MPa。

基质孔隙吸附态瓦斯与裂隙游离态瓦斯之间的质量交换，定义为：

$$Q = (c - c_p)\tau \tag{3-9}$$

式中 τ——吸附时间常数，s^{-1}，反映吸附态瓦斯解吸并向裂隙系统扩散的难易程度。

考虑假设理想气体状态方程、达西定律等，构建瓦斯的扩散-渗流连续性模型。吸附态瓦斯解吸扩散和游离态瓦斯渗流时遵循的质量守恒方程分别为式（3-10）和式（3-11）[67]：

$$\frac{\partial(\rho\varphi)}{\partial t} + \nabla\left(-\frac{k}{u}\cdot\frac{\partial P}{\partial \boldsymbol{n}}\cdot\frac{M}{RT}P\right) = Q \tag{3-10}$$

$$\frac{\varphi M}{RT}\cdot\frac{\partial P}{\partial t} + \nabla\left(\frac{MkP}{RTu}\nabla P\right) = Q \tag{3-11}$$

式中 ρ——游离态瓦斯密度，kg/m^3；

M——瓦斯的摩尔质量，g/mol；

R——气体常数，J/(mol · K)；

T——气体温度，K；

P——瓦斯的渗流速度，m/s；

k——煤层的渗透率，m^2；

u——瓦斯动力黏度，$N\cdot s/m^2$；

$\boldsymbol{n}$——法向矢量；

φ——煤体的孔隙率。

3.2.3 几何模型的建立

瓦斯在煤体中的流动受多种因素的影响，因此要研究本煤层的瓦斯运移规律必须进行一定的假设：

（1）煤层是一种各向同性的均匀连续多孔介质；

（2）煤体干燥、温度恒定；

（3）煤的顶底板设定为不透气的岩层；

（4）煤层中瓦斯设定为理想气体，瓦斯运移过程为渗流运动，符合达西定律。

使用 COMSOL 软件达西定律和一般偏微分方程两个模块结合段王煤矿 090515 工作面压裂区域实际情况，建立 UDFD 压裂区压裂后的瓦斯预抽模型，模型尺寸为 50 m 长×40 m 宽×4.2 m 高的三维煤层模型，将 3.1.2 节模拟得到的压裂裂隙导入三维模型中，在三维模型中间 2.1 m 高度水平面上设置两个钻孔进行瓦斯抽采模拟，采用相对瓦斯压力指标法，将煤层瓦斯压力下降 51%及以下的区域作为预抽达标区域，即钻孔周围瓦斯压力下降到 0.24 MPa 及以下就为抽采达标[68]。同时建立相同尺寸压裂前的三维模型，在模型中间设置两个抽采钻孔，进行未压裂情况下的瓦斯抽采分析，对比分析未压裂与压裂后的瓦斯抽采效果。采用控制变量的方法对压裂后的三维模型进行模拟分析，受钻孔抽采影响最小的点在两钻孔中心往上或往下 2.1 m 的地点，此处瓦斯压力最大。通过查询有关文献资料，并结合段王煤矿压裂区域实际情况得到数值模拟基础参数，如表 3-3 所示，网格划分采用极细化划分，压裂前和压裂后的三维瓦斯抽采模型如图 3-9 所示，双钻孔煤层中的最大瓦斯压力地点如图 3-10 所示，钻孔周围设置为狄利克雷边界条件，煤层四周边界设置为零通量。

表 3-3　COMSOL 数值模拟基础参数

参　　数	数　值
原始瓦斯压力/MPa	0.48
孔隙率/%	4.17
透气性系数/($m^2 \cdot MPa^{-2} \cdot d^{-1}$)	11.03
甲烷的动力学黏度系数/($Pa \cdot s$)	1.08×10^{-5}
煤的视密度/($kg \cdot m^{-3}$)	1380
Langmuir 压力常数/MPa	2.02
Langmuir 吸附常数/($m^3 \cdot t^{-1}$)	28.8436

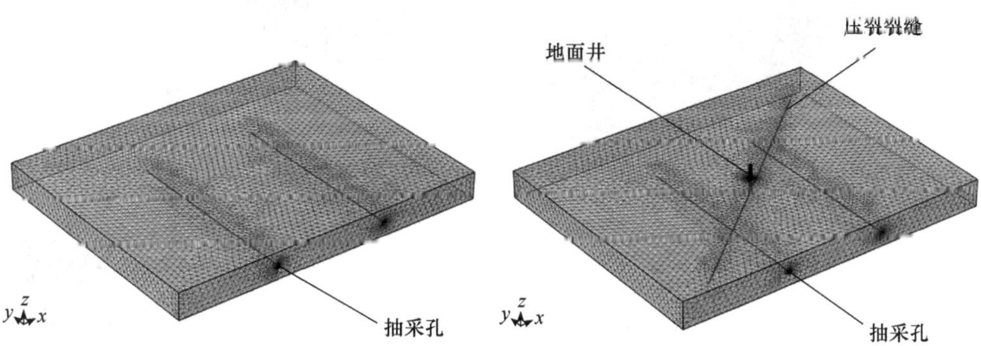

图 3-9　三维瓦斯抽采模型及网格划分

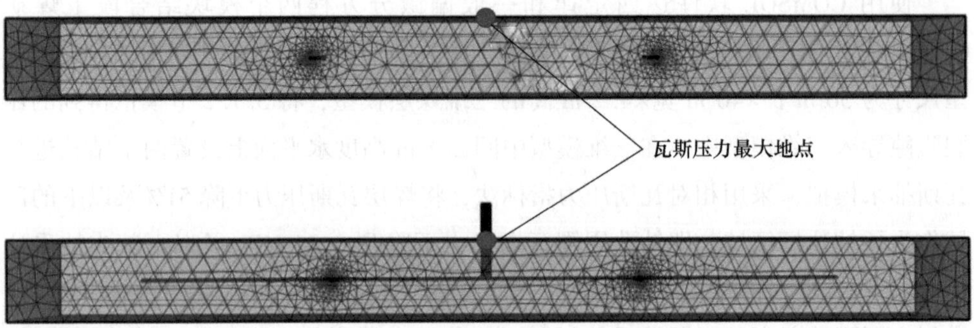

图 3-10　最大瓦斯压力地点示意图

3.2.4　未压裂与压裂后的瓦斯抽采模拟

压裂前和压裂后的两种情况进行瓦斯抽采模拟，对比分析其瓦斯抽采效果，在模型中 2.1 m 高度设置两个钻孔，钻孔间距 10 m，钻孔直径 75 mm，抽采负压 15 kPa，不含裂隙的普通模型在抽采时间为 60 d 时的瓦斯压力分布云图如图 3-11 所示，有压裂裂隙的模型在抽采时间为 60 d 时的瓦斯压力分布云图如图 3-12 所示。

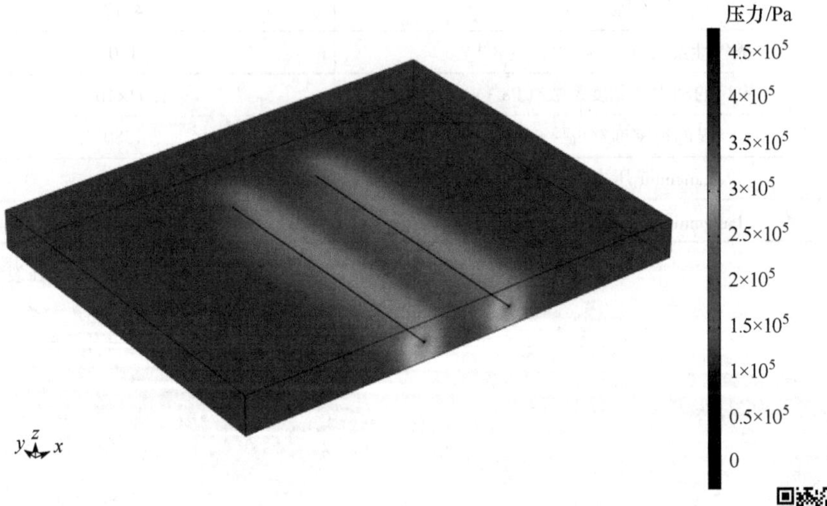

图 3-11　普通模型瓦斯压力分布云图

扫码看彩图

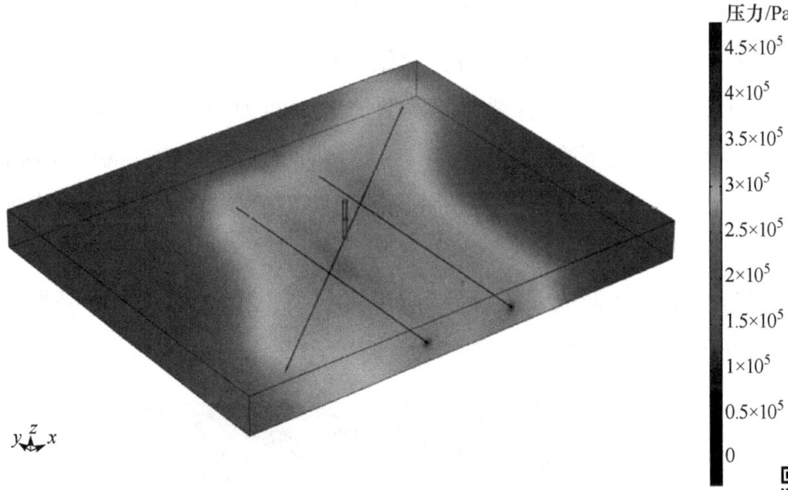

图 3-12　压裂后的模型瓦斯压力分布云图

扫码看彩图

对比分析压裂前的普通模型和压裂后的模型抽采 60 d 后的瓦斯压力分布云图，可以看到压裂后的模型的瓦斯抽采效果明显好于压裂前的普通模型，对两种模型中的最大瓦斯压力地点（25，0，4.2）的瓦斯压力随时间变化数据进行提取，绘制曲线如图 3-13 所示。

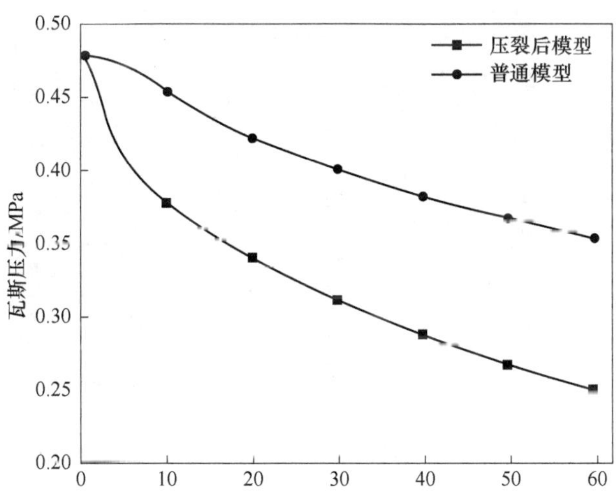

图 3-13　压裂与未压裂情况的瓦斯压力随时间变化曲线

由图 3-13 压裂与未压裂两种情况下的模型瓦斯压力随时间变化曲线可以得到，普通的模型抽采时间为 60 d 时，双钻孔中间最大瓦斯压力地点瓦斯压力下降到 0. 35 MPa，而压裂后含有裂隙的模型抽采时间为 60 d 时，双钻孔中间最大瓦斯压力地点瓦斯压力下降至 0. 25 MPa，已接近瓦斯抽采达标的标准 0. 24 MPa，瓦斯压力下降量明显高于没有压裂裂缝的普通模型，压裂对瓦斯抽采有明显的促进作用。

对抽采过程中的瓦斯流动进行分析，截取三维模型 z 轴 2. 1 m 高度水平面的瓦斯流场平面图，如图 3-14 所示。

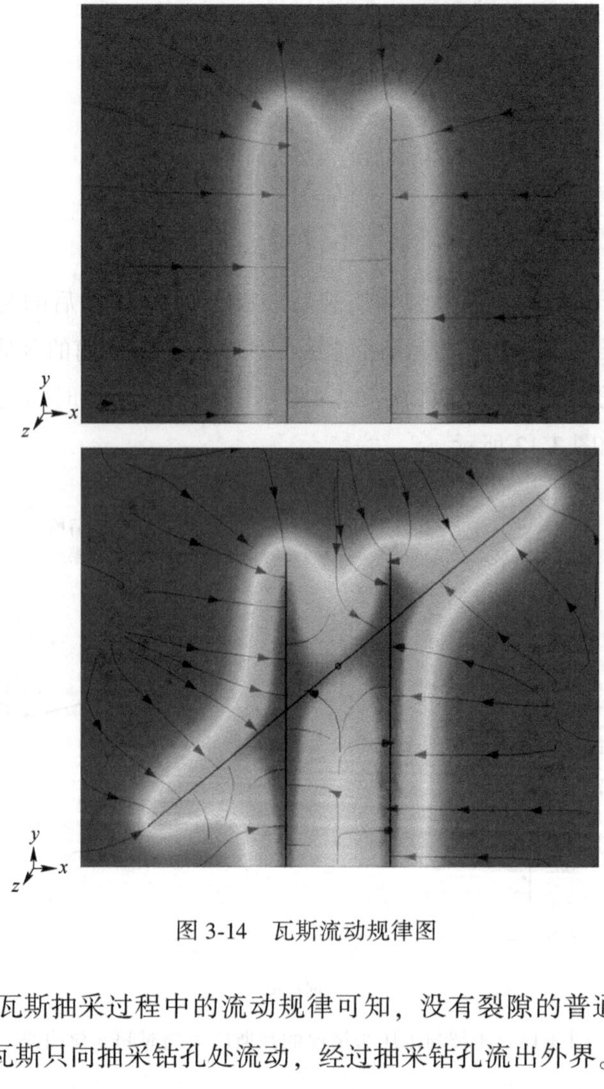

扫码看彩图

图 3-14　瓦斯流动规律图

由图 3-14 瓦斯抽采过程中的流动规律可知，没有裂隙的普通模型在瓦斯抽采的过程中，瓦斯只向抽采钻孔处流动，经过抽采钻孔流出外界。在有裂隙的模型中，瓦斯不仅向钻孔流动，还向煤层中裂隙流动，经过裂隙流向抽采钻孔，再排出煤层到达外界。在实际水力压裂的过程中，煤层会产生很多大小不一的裂隙，裂隙之间相互连通，煤层中的瓦斯经过裂隙、抽采钻孔流入抽采管路，压裂所产生的裂隙会极大地促进瓦斯的抽采效果。

对抽采过程中的瓦斯压力分布进行分析，图 3-15 为抽采 30 d、60 d、90 d 的瓦斯压力分布等值线图。

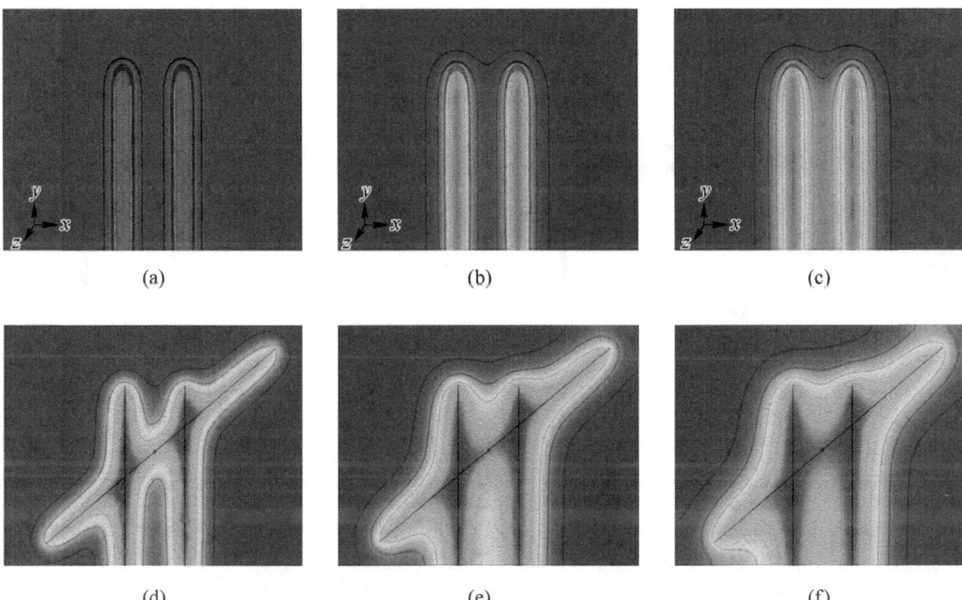

图 3-15　瓦斯压力分布等值线图

(a)、(d) 30 d；(b)、(e) 60 d；(c)、(f) 90 d

扫码看彩图

由图 3-15 瓦斯压力分布等值线图可以看到，瓦斯压力等值线分布在钻孔周围，在有裂隙的情况下，瓦斯压力会在钻孔和裂隙周围形成等值线。随着抽采时间的增加，瓦斯抽采范围逐渐扩大。在距离抽采孔较远的地方，瓦斯压力基本稳定，接近抽采孔和裂隙处的瓦斯压力变化较大，主要是由于负压的作用导致的钻孔和裂隙处的瓦斯压力较小。

3.2.5　不同钻孔直径模拟及分析

采用控制变量的方法，对有裂隙的三维瓦斯抽采模型进行不同钻孔直径的瓦斯抽采模拟。设定两钻孔间距 16 m，抽采负压 15 kPa，根据矿井现有钻杆选取常用的三种钻孔直径，模拟钻孔直径分别为 75 mm、98 mm、113 mm，研究不同钻孔直径的瓦斯抽采效果，分析瓦斯压力随时间变化情况，不同钻孔直径抽采 180 d 时双钻孔三维模型竖直截面的瓦斯压力分布云图如图 3-16 所示，不同钻孔直径抽采情况下的钻孔中间最大瓦斯压力地点瓦斯压力随时间变化曲线如图 3-17 所示。

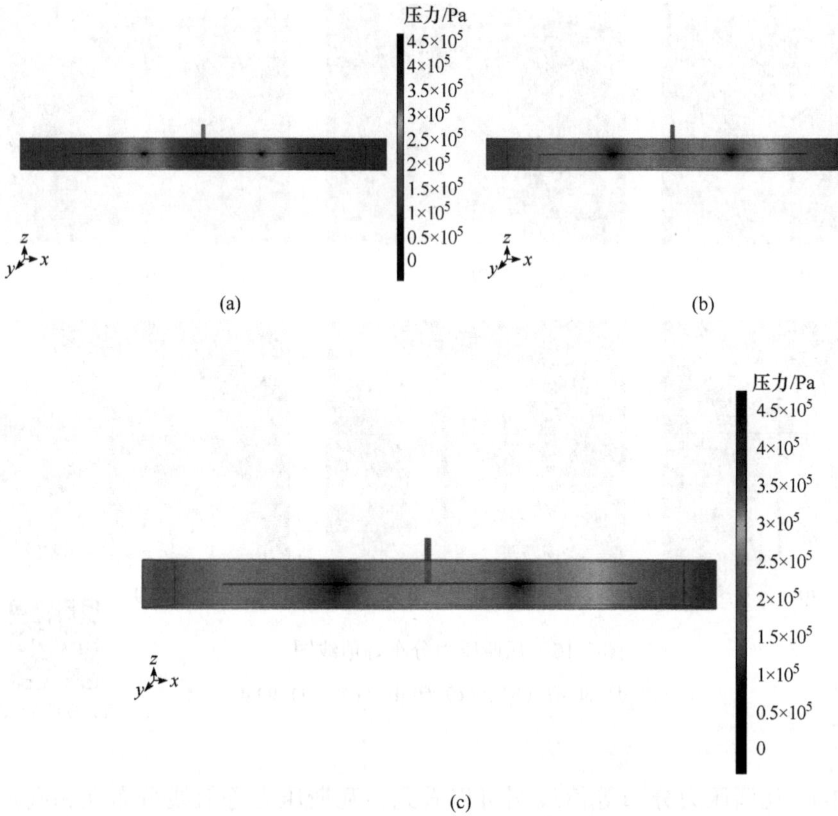

扫码看彩图

图 3-16　不同钻孔直径抽采 180 d 时瓦斯压力分布云图

（a）75 mm；（b）98 mm；（c）113 mm

由图 3-17 可以得出，不同钻孔直径的瓦斯压力变化规律基本一致，在抽采初期，瓦斯压力下降明显，随着时间的进行，单位时间内瓦斯压力的下降量逐渐减小，到抽采后期，瓦斯压力逐渐趋于平缓。对其中抽采达标天数、不同钻孔直径抽采 180 d、360 d 的瓦斯压力进行对比分析，见表 3-4。

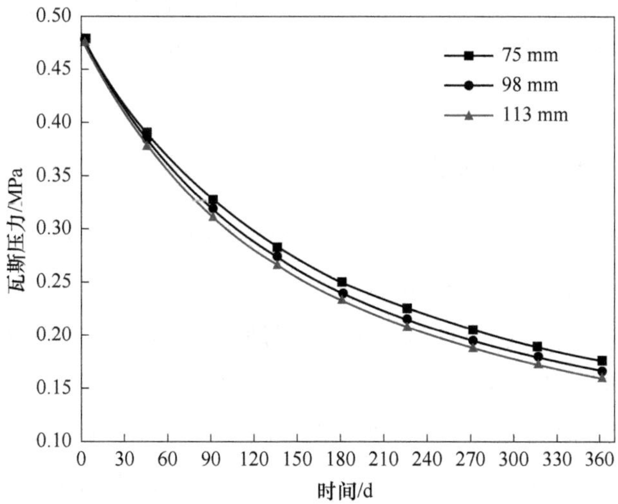

图 3-17　不同钻孔直径瓦斯压力随时间变化曲线

表 3-4　不同钻孔直径瓦斯抽采统计

钻孔直径/mm	抽采达标天数/d	抽采 180 d 时瓦斯压力/MPa	抽采 180 d 瓦斯压力下降率/%	抽采 360 d 时瓦斯压力/MPa	抽采 360 d 时瓦斯压力下降率/%
75	200	0.244	49.2	0.177	63.1
98	175	0.234	51.3	0.168	65.0
113	160	0.228	52.5	0.161	66.5

由表 3-4 可知，钻孔直径分别为 75 mm、98 mm、113 mm 时，抽采分别为 200 d、175 d、160 d，钻孔周围最大瓦斯压力地点瓦斯压力降至 0.24 MPa 左右，瓦斯抽采达标。钻孔直径越大，瓦斯抽采达标时间越短，这是由于钻孔直径越大，打钻时对煤壁的破坏也会更大，同时产生更多裂隙，使得瓦斯抽采效果更好。98 mm 钻孔直径瓦斯抽采达标时间比 75 mm 钻孔直径抽采达标时间少 25 d，而 113 mm 钻孔直径瓦斯抽采达标时间比 98 mm 钻孔直径瓦斯抽采达标时间少 15 d，随着钻孔直径的增大，抽采达标时间的下降率越小。

钻孔直径分别为 75 mm、98 mm、113 mm 时，抽采 180 d，双钻孔中间最大瓦斯压力地点瓦斯压力分别为 0.244 MPa、0.234 MPa、0.228 MPa，瓦斯压力分别下降了 49.2%、51.3%、52.5%。当抽采时间为 360 d 时，双钻孔中间最大瓦斯压力地点瓦斯压力分别为 0.177 MPa、0.168 MPa、0.161 MPa，瓦斯压力分别下降了 63.1%、65.0%、66.5%。当钻孔直径大于 98 mm 时，抽采时间多的瓦斯压力下降率明显增大。钻孔直径过大，容易造成塌孔现象，且施工难度较大，所以钻孔直径不是越大越好，并且瓦斯抽采达标时间相差不大，因此选择 98 mm 瓦斯抽采钻孔较佳。

3.2.6　不同抽采负压模拟及分析

采用控制变量的方法，对有裂隙的三维瓦斯抽采模型进行不同抽采负压的瓦斯抽采模拟。设定两钻孔间距 16 m，钻孔直径为 98 mm。按国家规定矿井瓦斯抽采负压必须大于 13 kPa，并且矿井实际瓦斯抽采设备很难达到 30 kPa 以上，所以模拟抽采负压为 15 kPa、20 kPa、25 kPa、30 kPa 瓦斯压力变化情况，不同抽采负压抽采 180 d 时的瓦斯压力分布云图如图 3-18 所示，在不同抽采负压抽采瓦斯的情况下，双钻孔周围最大瓦斯压力地点瓦斯压力随时间变化曲线如图 3-19 所示，对不同抽采负压抽采 180 d 和 360 d 的瓦斯压力进行对比分析，见表 3-5。

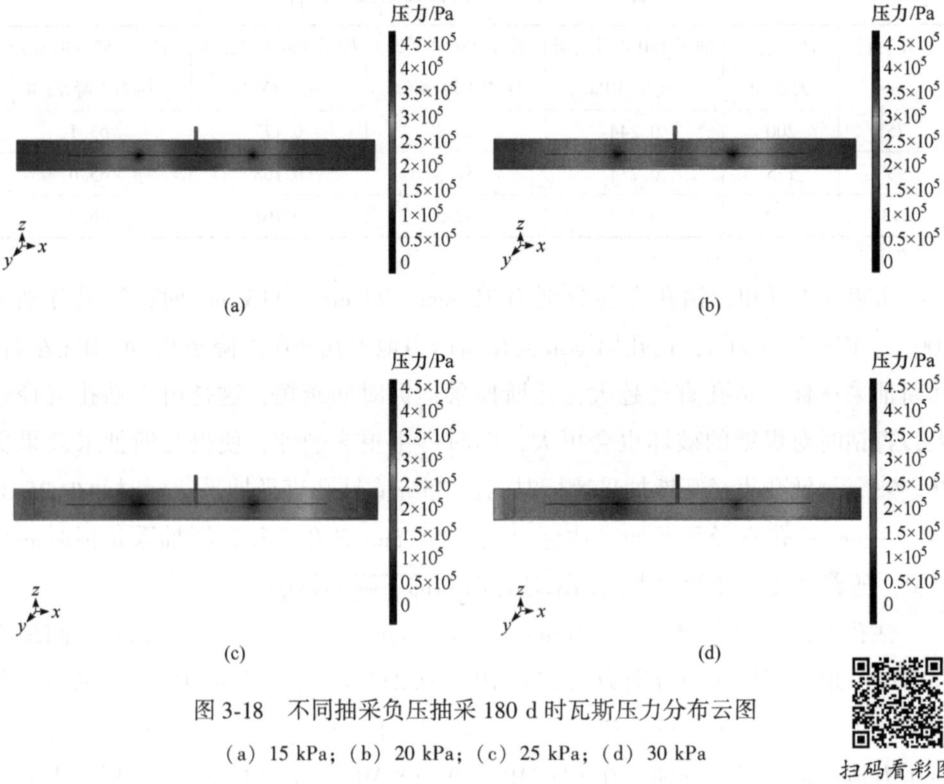

图 3-18　不同抽采负压抽采 180 d 时瓦斯压力分布云图

(a) 15 kPa；(b) 20 kPa；(c) 25 kPa；(d) 30 kPa

扫码看彩图

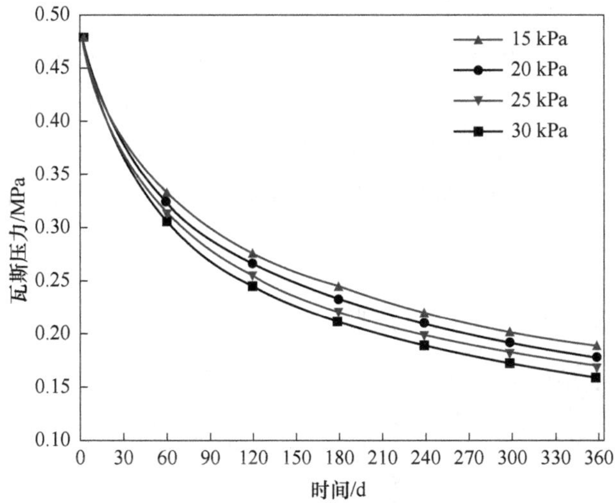

图 3-19 不同抽采负压瓦斯压力随时间变化曲线

表 3-5 不同抽采负压抽采相同天数的瓦斯压力变化

抽采负压/kPa	180 d 时瓦斯压力/MPa	180 d 时瓦斯压力下降率/%	360 d 时瓦斯压力/MPa	360 d 时瓦斯压力下降率/%
15	0.244	49.2	0.189	60.6
20	0.233	51.5	0.178	62.9
25	0.222	53.7	0.169	64.8
30	0.212	55.8	0.160	66.7

由图 3-19 和表 3-5 可得，随着抽采时间的进行，瓦斯压力逐渐降低，且瓦斯压力的下降率逐渐减小。当抽采时间为 180 d 时，抽采负压为 15 kPa、20 kPa、25 kPa、30 kPa 的双钻孔中间最大瓦斯压力地点瓦斯压力为 0.244 MPa、0.233 MPa、0.222 MPa、0.212 MPa，瓦斯压力下降分别为 49.2%、51.5%、53.7%、55.8%；当抽采时间为 360 d 时，瓦斯压力为 0.189 MPa、0.178 MPa、0.169 MPa、0.160 MPa，瓦斯压力下降分别为 60.6%、62.9%、64.8%、66.7%。不同抽采负压，抽采相同的天数，随着抽采负压的增大，瓦斯抽采压力的下降率明显增大，说明抽采负压的增大对瓦斯抽采有明显的促进作用，在设备允许的前提下，应当适当地增加抽采负压来促进瓦斯的抽采效果。

3.2.7 不同钻孔间距模拟及分析

矿井抽采瓦斯的过程实际上是多孔并抽的过程，某一处的瓦斯会受到相邻两抽采钻孔的负压的影响，钻孔与钻孔之间存在着抽采效果叠加作用。因此，考虑到抽采叠加效应，研究钻孔布置时应该研究不同钻孔间距的瓦斯抽采情况。采用控制变量的方法，设定钻孔直径 98 mm，抽采负压 25 kPa，模拟 12 m、16 m、20 m 钻孔间距瓦斯抽采达标时间，图 3-20 为不同钻孔间距抽采 120 d 瓦斯压力分布云图，图 3-21 为不同钻孔间距周围最大瓦斯压力地点瓦斯压力随时间变化曲线。

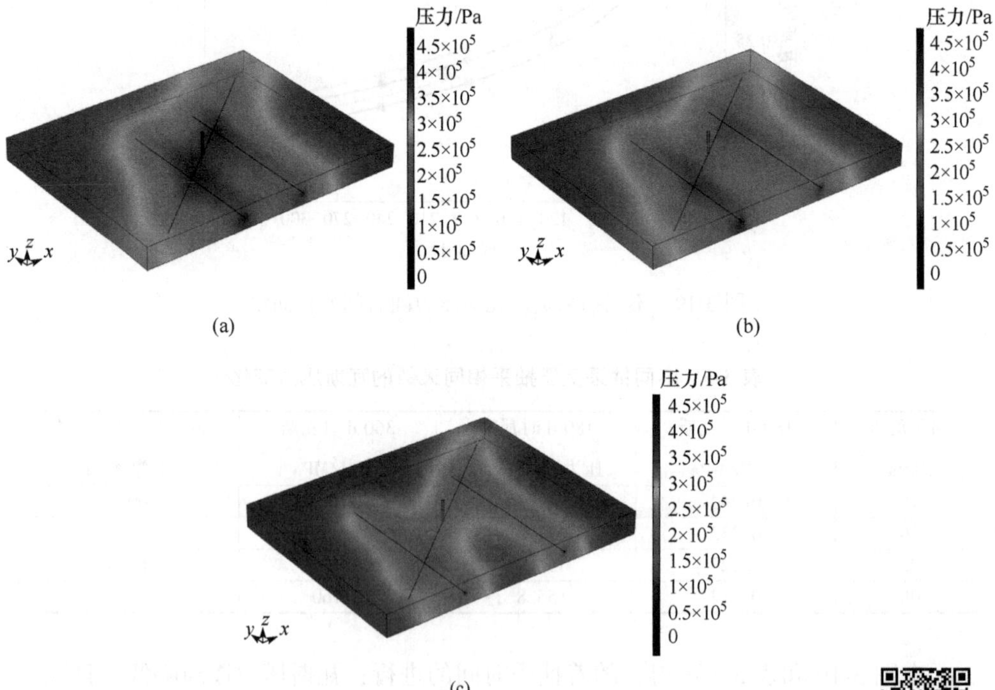

图 3-20　不同钻孔间距瓦斯压力分布云图
(a) 12 m；(b) 16 m；(c) 20 m

扫码看彩图

由图 3-20 可知，随着瓦斯的抽采，钻孔周围的瓦斯压力逐渐降低，距离钻孔越远的地方，瓦斯压力越大，达到一定的距离时，瓦斯压力接近原始瓦斯压力，说明此处不受抽采钻孔的影响，从该点到钻孔的直线距离为该钻孔瓦斯抽采影响范围；因为裂隙与抽采钻孔相连通，所以瓦斯也会向裂隙中流动，导致裂隙处瓦斯压力降低。两钻孔之间的瓦斯压力先增大后减小，在两钻孔中点处达到极大值。相同的钻孔数量，两钻孔间距越大，相同抽采时间内，瓦斯抽采影响范围越大，但是钻孔中间瓦斯压力下降越小，说明抽采叠加效果较小。虽然钻孔间距越小会使得抽采达标时间大幅减小，但会消耗大量的人力物力，得不偿失。但是钻孔间距过大，会有抽采盲区，导致部分地方的瓦斯很难在预计时间内抽采达标，所以选择合适的钻孔间距至关重要。

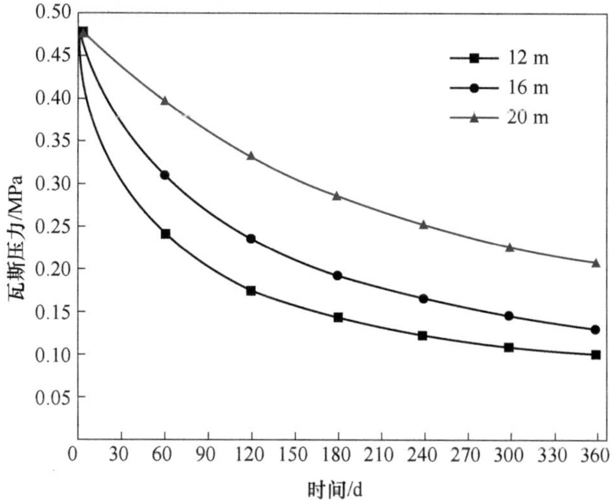

图 3-21 不同钻孔间距瓦斯压力随时间变化曲线

由图 3-21 可知，瓦斯压力在抽采初期下降较快，且下降速率逐渐减小，到抽采后期，瓦斯压力逐渐趋于平缓。由图可得当钻孔间距为 12 m、16 m、20 m 时，分别抽采 60 d、120 d、300 d，钻孔周围最大瓦斯压力降至 0.24 MPa，瓦斯抽采达标。将不同钻孔间距与抽采达标时间绘制如图 3-22 所示的曲线，可以得到不同抽采达标时间下的钻孔间距。

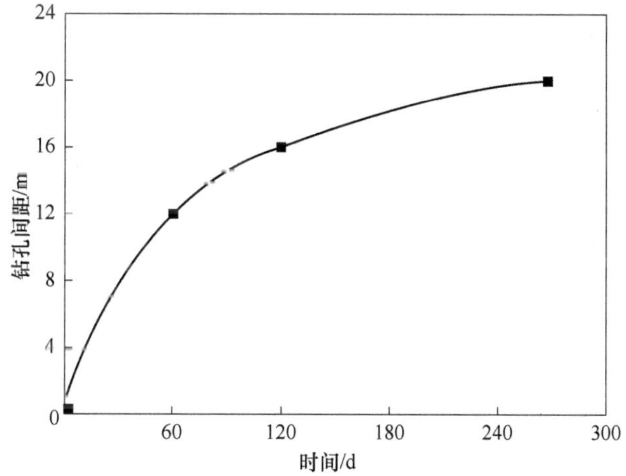

图 3-22 最佳钻孔间距随抽采时间变化曲线

由图 3-22 可知，抽采时间越长，其钻孔间距越大，当抽采时间达到 270 d 后，曲线基本趋于平缓，说明增大钻孔间距会使得所需的抽采时间增长，因此钻孔间距不应大于 20 m。根据预抽时间选择合理的钻孔间距，预抽时间为 180 d 时，钻孔间距为 18 m 较佳。

4 深部渗透率演化规律

4.1 试验装置及方案

4.1.1 试验装置

试验平台为重庆大学自主研发的多功能真三轴流固耦合试验系统[69]，如图4-1所示。该装置的6个加载板可独立控制，加载模式有力控制和位移控制2种。以100 mm立方体精磨岩样受力为例，有2个方向可提供最大600 MPa的应力，另一个方向可提供最大400 MPa的应力，还可提供最大60 MPa的流体压力，能够完成各种复杂真三轴应力路径下储层岩石（如页岩、砂岩和煤岩）的流固耦合试验。

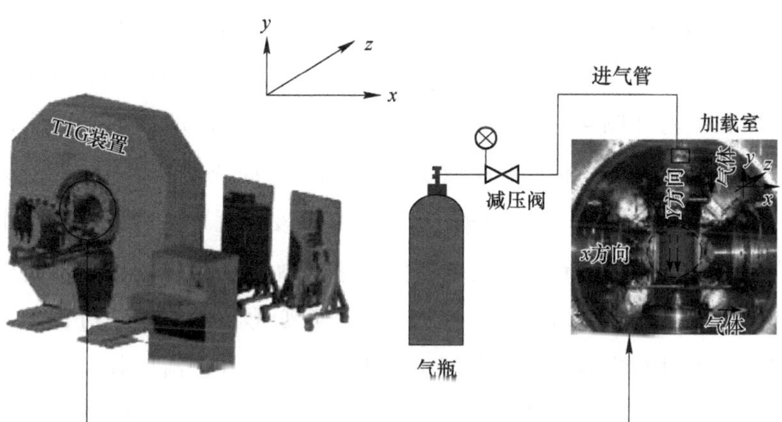

图4-1 多功能真三轴流固耦合试验系统

4.1.2 页岩试件

页岩大块取自四川盆地石柱志留系龙马溪组露头处。页岩块经钻取、切割、端面精磨至边长为 100 mm 的立方体试件，如图 4-2 所示，保证其相对端面间的不平行度误差控制在 0.02 mm 以内。

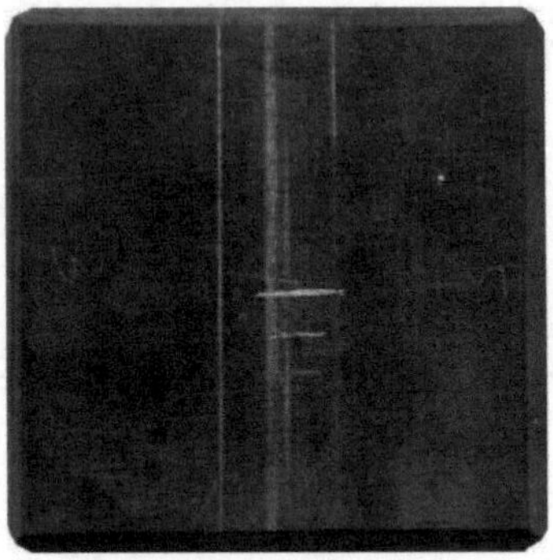

图 4-2　页岩试件

4.1.3　试验方案

研究表明，纳米级孔隙是页岩孔裂隙系统的主要组成部分[70]，主要呈近球形或椭球形[71]。然而，页岩具有典型的层理结构及层间缝等缺陷，众多研究表明，它们显著影响着页岩的渗流特性，尤其是渗透率各向异性特性[72]。为了消除页岩这种宏观特征对渗流的影响，本次研究对页岩试件进行了“预加载”处理，具体操作为：将页岩试件套入热缩管内，按照 $\sigma_x \perp$ 层理、σ_y 和 $\sigma_z /\!/$ 层理的方式置于加载室内（图 4-1）。然后，参考 LIU 等[73]采取的预加载方式，三向主应力在力控制模式下，以相同速率（0.05 MPa/s）加载至静水压力 $\sigma_x = \sigma_y = \sigma_z =$ 70 MPa$<\sigma_c$（75.16 MPa，页岩单轴抗压强度），该值大于页岩渗流试验中所设计的最大应力（60 MPa），重复预加载 3 次。这样做一是保证页岩试件始终处于弹性受力状态，二是消除页岩中天然存在的大裂隙变形在后续加载过程中对渗透率和应变产生的不可忽略的影响（如滞后性和损伤劣化）。预加载后，向加载室内充入 8 MPa 抗磨液压油，待各向位移传感器（LVDT）示数稳定后，按照图 4-3 所示的各向应力加载顺序进行渗流实验。加载至每个目标应力点后，待 LVDT 示数稳定后，向试件内分别通入高纯度甲烷（CH_4）气体，压力分别为 2 MPa、3 MPa 和 4 MPa，在出口端监测气体流量。

具体加卸载步骤为：

（1）各向主应力以 0.05 MPa/s 的速率同步加载至 $\sigma_1 = \sigma_2 = \sigma_3 = 10$ MPa，然

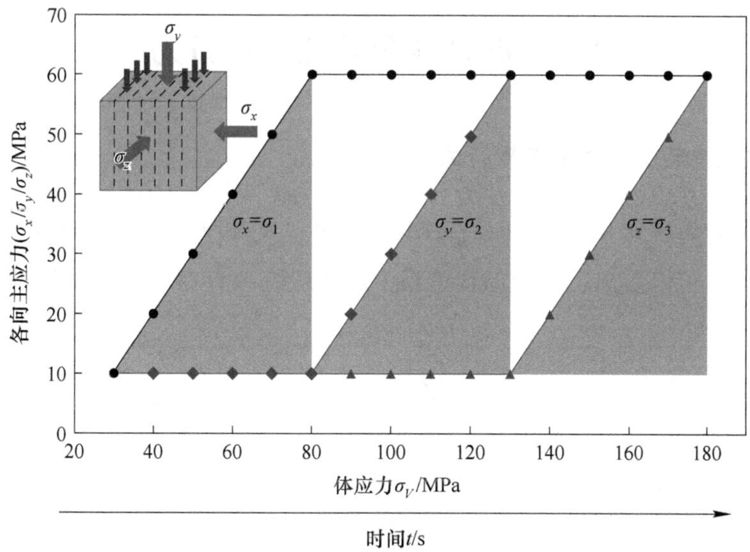

图 4-3 试验应力路径

后向试件内分别通入压力为 2 MPa、3 MPa 和 4 MPa 的甲烷气体。每个气体压力点均待 LVDT 和流量计示数稳定后才可进行下一步。

（2）在力控制模式下，保持 $\sigma_2=\sigma_3=10$ MPa 不变，σ_1 以 0.05 MPa/s 的速率分别加载至 20 MPa、30 MPa、40 MPa、50 MPa 和 60 MPa。甲烷通入方式如步骤（1）所示。

（3）在力控制模式下，保持 $\sigma_1=60$ MPa 和 $\sigma_3=10$ MPa 不变，σ_2 以 0.05 MPa/s 的速率分别加载至 20 MPa、30 MPa、40 MPa、50 MPa 和 60 MPa。甲烷通入方式如步骤（1）所示。

（4）在力控制模式下，保持 $\sigma_1=\sigma_2=60$ MPa 不变，σ_3 以 0.05 MPa/s 的速率分别加载至 20 MPa、30 MPa、40 MPa、50 MPa 和 60 MPa。甲烷通入方式如步骤（1）所示。

（5）试验结束。

具体应力路径如图 4-3 所示。整个试验过程中，体应力 σ_V 以 10 MPa 的梯度呈线性增加，即 σ_1 加载下，$\sigma_V=30\sim80$ MPa；σ_2 加载下，$\sigma_V=80\sim130$ MPa；σ_3 加载下，$\sigma_V=130\sim180$ MPa。为避免坐标取值混乱（σ_1、σ_2 和 σ_3 均经历了 10~60 MPa 的加载过程），后文采用 σ_V 代替各向主应力。

4.2　页岩各向异性变形行为

4.2.1　各向主应力下页岩变形行为

图 4-4 为体应变 ε_V 和各向异性主应变（ε_x、ε_y 和 ε_z）随体应力 σ_V 的变化情况。由图 4-4 可以看出，整个加载过程中，体应变一直在增加，页岩试件不断被

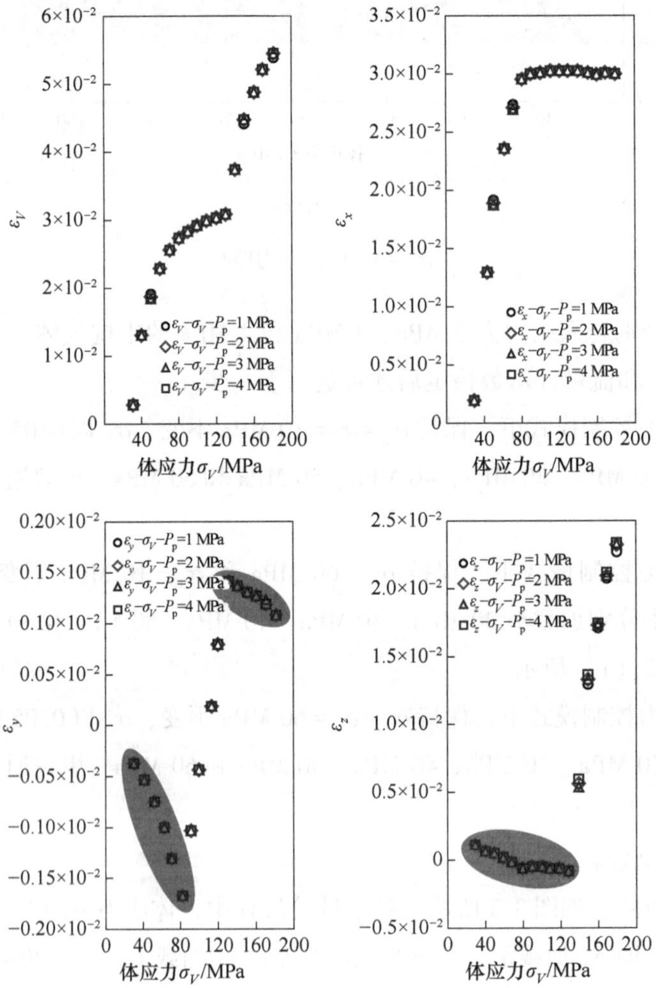

图 4-4　体应变 ε_V 和各向异性主应变（ε_x、ε_y 和 ε_z）随体应力 σ_V 的变化

（P_p—孔隙压力）

扫码看彩图

压缩。各向主应变出现了三个变形阶段：(1) σ_x 加载阶段，ε_x 显著增加，试件在 x 方向上不断被压缩；在泊松效应下，试件在 y 和 z 方向上膨胀。(2) σ_y 加载阶段，ε_y 显著增加，试件在 y 方向上不断被压缩；泊松效应下，试件在 z 方向上膨胀。(3) σ_z 加载阶段，ε_z 显著增加，试件在 z 方向上不断被压缩；在泊松效应下，试件在 y 方向上膨胀。后两个加载阶段，试件在 x 方向上仅出现了轻微的变形波动，可能在不断进行内部结构调整。

4.2.2 孔隙压力作用下页岩变形行为

在 σ_x 加载阶段（$\sigma_V = 30 \sim 80$ MPa），页岩处于低应力范围。本节仅分析 ε_x 在孔隙压力 P_p 作用下的变化情况（图 4-5）。在 σ_x 加载阶段，ε_x 随着 P_p 的增加而减小，即在 x 方向上，孔径随着 P_p 的增加而增大，页岩试件表现出宏观膨胀。

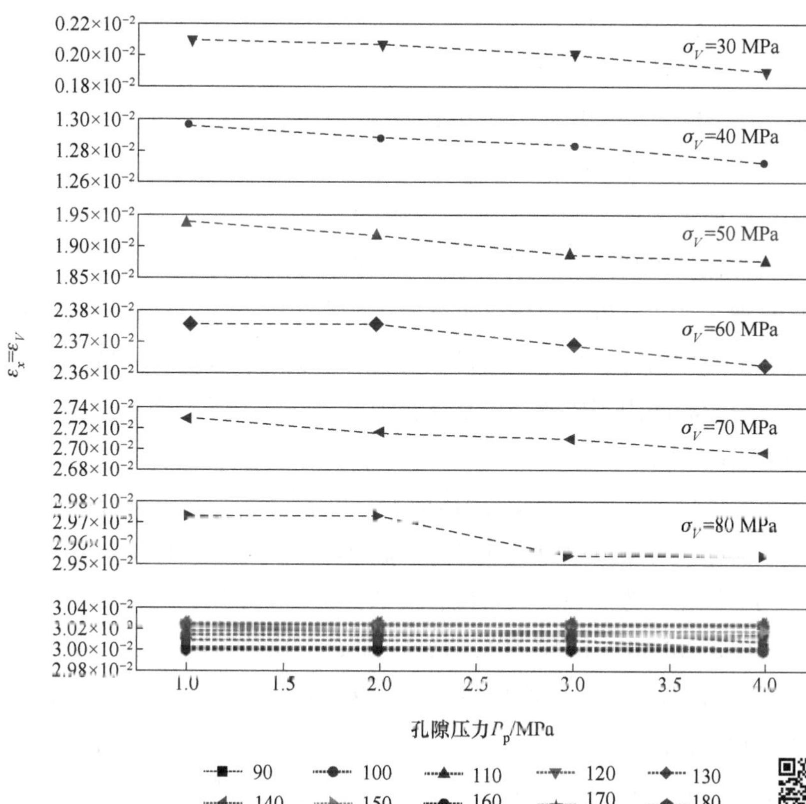

图 4-5 孔隙压力 P_p 作用下 ε_x 的变化

这一过程中，孔隙压力参与了页岩渗流通道的开度变化，很有可能决定了气体在页岩中的流动机制；在 σ_y 和 σ_z 加载阶段，页岩在高应力作用下，其内部孔隙裂隙被进一步压实，孔隙压力对页岩在 x 方向上的变形作用微乎其微，表现为 ε_x 几乎不再发生变化。

4.2.3　页岩表观渗透率演化

试验中，CH_4 流动特性用达西定律表征，其渗透率表达式[73]为

$$k_a = \frac{2q\mu L p_2}{A(p_1^2 - p_2^2)} \tag{4-1}$$

式中 k_a——表观（或气测）渗透率，m^2；

q——CH_4 的渗流速度，m^3/s；

μ——CH_4 动力黏度系数，MPa · s；

L——页岩试件长度，m；

p_1——进口端 CH_4 压力，MPa；

p_2——出口端 CH_4 压力，取 0.1 MPa；

A——试件横截面积，m^2。

鉴于试验所用气体流量计监测精度限制，页岩试件在 $\sigma_V = 170$ MPa 和 180 MPa 下，气体流量出现波动，渗透率的准确性存在不确定性，故该状态下的渗透率数据不再纳入后文分析。由于页岩气储层的有效应力、气体滑脱效应和吸附效应对渗流的耦合作用复杂且难以通过试验实现，加之试验过程中应力加载和流量监测均是在较短时间内完成的，不足以实现页岩的完全吸附饱和，本节研究不再考虑页岩的吸附效应。

图 4-6 为页岩表观渗透率 k_a 随体应变 ε_V 的变化情况。当孔隙压力 P_p 不变时，随着页岩体积持续压缩（ε_V 增加），k_a 不断减小。然而，k_a 随 P_p 变化出现了截然不同的演化趋势。在加载初期，浅部页岩气储层所处的低体应力 σ_V 环境，即 $\sigma_V = 30$ MPa、40 MPa 和 50 MPa 时，k_a 随 P_p 的增加而增大；当页岩处于深部高体应力状态时，k_a 随 P_p 的增加却减小。这一现象的出现，表明页岩气的流动机制发生了转变，由气体压力梯度控制（本质上是有效应力变化）下的页岩气流动转变成滑脱效应控制下的页岩气流动，尤其是深部页岩气储层深度达几千米[74]，处于高应力环境中，页岩气的平均自由程接近页岩结构的特征长度，滑脱效应控制气体流动势必出现。在下文研究中，有效应力控制下的渗透率演化区

简称为“有效应力影响区”，滑脱效应控制下的渗透率演化区简称“滑脱效应影响区”。同时，假定在有效应力影响区页岩的表观渗透率 k_a 近似等于固有渗透率 k_∞（$k_a \approx k_\infty$）。

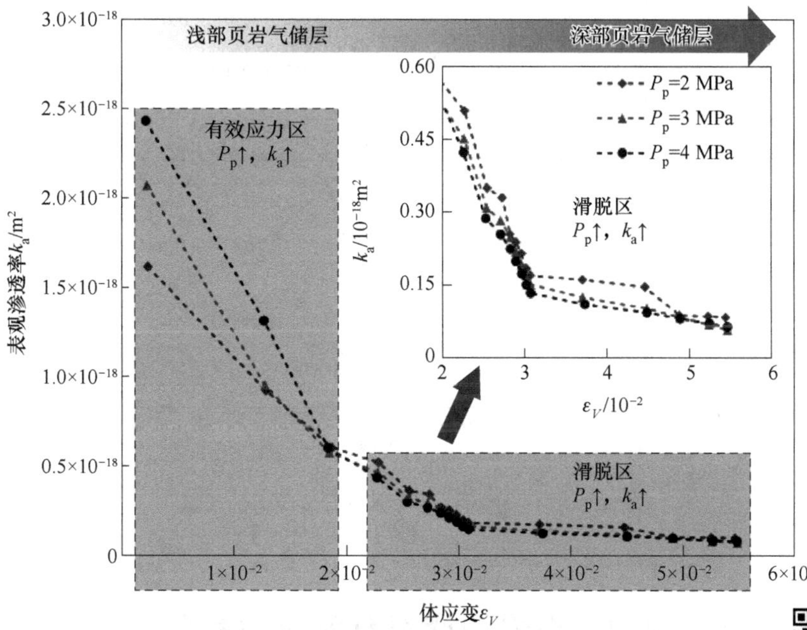

图 4-6 页岩表观渗透率 k_a 与体应变 ε_V 的关系

扫码看彩图

4.2.4 页岩裂隙压缩系数

页岩渗透率演化与裂隙变化密切相关。页岩由低应力状态（有效应力影响区）到高应力状态（滑脱效应影响区）导致裂隙压缩系数变化（甚至是突变），常用以下表达式[75,76]，即

$$c_f = \frac{\ln(k_a/k_{a0})}{3(\sigma_V - \sigma_{V0})} \tag{4-2}$$

式中 c_f——页岩裂隙压缩系数，MPa^{-1}；

σ_{V0}——参考（或初始）体应力，MPa；

k_{a0}——σ_{V0} 下的渗透率，m^2。

通过式（4-2），得到了页岩归一化固有渗透率（$k_\infty/k_{\infty 0}$）与有效应力 σ_{eff} 之间的关系（图 4-7）。由图 4-7 可以看出，页岩由有效应力影响区到滑脱效应影响区这一过程，c_f 出现了突降，页岩试件在高应力作用下，可压缩性显著降低；储层地应力和孔隙压力对页岩裂隙变形的作用与应力主导区相比微乎其微。

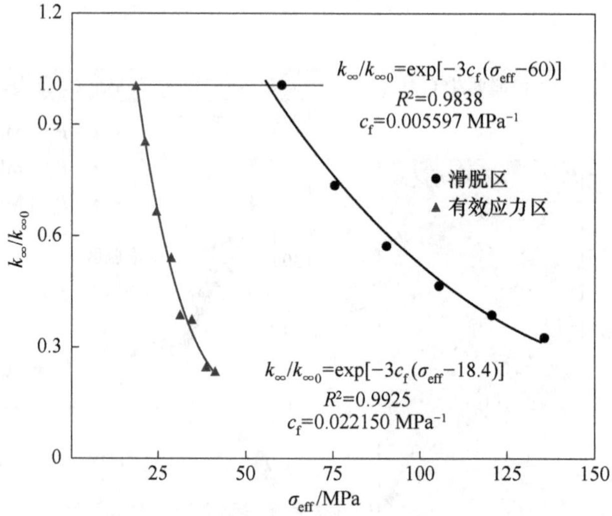

图 4-7　归一化固有渗透率与有效应力的关系

4.3　页岩渗透率有效应力系数

4.3.1　有效应力影响区渗透率有效应力系数

如图 4-6 和图 4-8（a）所示，有效应力影响区渗透率演化的流固耦合环境为 σ_V=30~50 MPa，P_p=2~4 MPa，该环境下，本节研究假定滑脱效应忽略不计。按照 LI 等[77]和 LIU 等[73]确定渗透率有效应力系数 κ 的方法：在表观渗透率k_a-有效应力 σ_{eff} 坐标空间中寻找最佳 κ，使得式（4-3）的拟合效果最好。也就是，若 k_a 不受滑脱效应的影响，在合适的 κ 下，能将 k_a-σ_{eff} 上的点归为一条理想的拟合曲线。由图 4-8（b）可知，当 κ=2.9 时，k_a-σ_{eff} 空间中，数据离散程度最小，拟合效果最好，故有效应力影响区页岩渗透率有效应力系数 κ 为 2.9。κ>1 表明孔隙压力对渗透率的作用强于体应力。BERRYMAN 通过理论推导得到微观均质岩石满足 $\varphi\leqslant\kappa\leqslant1$[78]，$\varphi$ 为孔隙率，这就意味着页岩呈微观非均质性，这与页岩内部的孔隙结构尺度和组分构成有关。LIU 等[73]、AL-WARDY 和 ZIMMERMAN[79]、ZOBACK 和 BYERLEE[80] 认为是由黏土含量较高引起的 κ>1，也就是，黏土层和岩层在孔隙压力下因体积模量不同，出现不同组分变形差异，进而对渗透率的作用也不同。LIU 等[73]研究原（黏土质量分数为 5.58%）的渗透率有效应力系数时，通过试验和理论均得出 $\kappa=1.94\sim2.64$，而本节研究所用页岩试件黏土质量分数为 19.7%~31.1%[68]，见表 4-1。渗透率有效应力系数却没有随黏土质量分数的增加而显著增大。针对这一现象，KWON 等[81]认为黏土的分布形式决定了 κ 与黏土质量分数之间关系并非单调增加，而是存在某一阈值。

$$k_{\mathrm{a}}=k_{\mathrm{a0}}\exp(-\xi\sigma_{\mathrm{eff}}) \tag{4-3}$$

$$\sigma_{\mathrm{eff}}=\sigma_{V}-\kappa P_{\mathrm{p}} \tag{4-4}$$

式中 ξ——渗透率应力敏感性指数，MPa^{-1}。

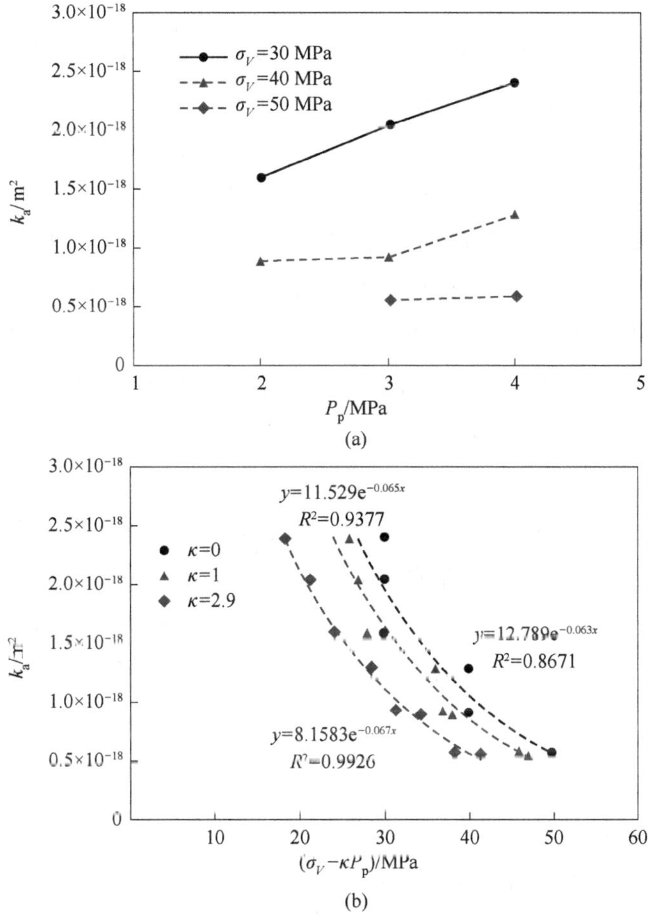

图 4-8 有效应力影响区页岩表观渗透率 k_{a} 与孔隙压力 P_{p}（a）、有效应力（$\sigma_V-\kappa P_{\mathrm{p}}$）（b）的关系

表 4-1　龙马溪组页岩试件的基础储层特征和矿物成分[68]　　(%)

试件	孔隙率 φ	TOC	黏土矿物成分							
			石英	长石	黄铁矿	方解石	伊利石	蒙脱石	绿泥石	总量
JY-1	2.1	4.4	43.3	8.4	5.9	13.5	18.3	8.7	1.9	28.9
JY-2	2.8	4.7	45.5	7.1	6.2	10.1	21.4	6.9	2.8	31.1
JY-3	2.6	3.8	52.7	6.9	3.6	8.5	20.7	6.5	1.1	28.3
CX-1	3.3	5.5	61.4	5.2	4.3	9.4	14.6	5.1	—	19.7
CX-2	3.0	5.1	56.9	6.1	4.5	9.2	16.2	5.7	1.4	23.3
CX-3	2.8	5.7	50.7	5.3	3.8	12.9	19.4	6.2	1.7	27.3
平均值	2.8	4.9								

基于黏土层在岩石内部的分布形式及其较小体积模量的客观事实，AL-WARDY 和 ZIMMERMAN[79]提出了黏土壳模型和黏土颗粒模型，用于合理解释 $\kappa>1$。由于页岩气储层岩石属于双重孔隙介质系统，基于岩石的双孔隙结构特征，BERRYMAN[82]建立了考虑双孔结构的微观非均质组合体模型，WANG 等[83]运用模型合理地解释了多孔岩石 $\kappa>1$ 现象。然而，陈昱霏[70]对龙马溪页岩进行了各类孔隙分类与量化，认为该页岩内部纳米级尺度孔隙体积远大于微裂隙体积，并非典型的双重孔隙介质结构。进一步，杨峰等[71]发现页岩黏土矿物中发育大量的粒间孔隙，乃家河组陆相页岩储层的纳米级孔隙由黏土矿物溶蚀而成，牛蹄塘组海相页岩中的黏土片层之间分布着丰富的狭缝状孔隙。陈昱霏[70]观察到龙马溪海相页岩中以粒间孔居多，该孔的形成与黏土颗粒联系紧密，其空间结构与黏土壳模型贴近。因此，本节研究以黏土壳模型（概念模型如图 4-9 所示，黏土以均匀厚度排列在整个岩石层内壁上，即孔隙外衬一层厚度均匀的薄的环状黏土）为基础探讨其合理性，核心是探究黏土层和岩层的体积模量比 γ 的范围。它的表达式如下：

$$\kappa=\frac{\left\{[f_c(1-\varphi)+\varphi]+\frac{1}{1-2\nu_r}\right\}\left[\frac{f_c(1-\varphi)+\varphi}{1-2\nu_r}+\varphi\right]+\gamma[f_c(1-\varphi)+\varphi-1]\frac{1}{1-2\nu_r}\left[\varphi\left(\frac{2\nu_c}{1-2\nu_c}-\frac{2\nu_r}{1-2\nu_r}\right)-f_c(1-\varphi)\right]}{4[f_c(1-\varphi)+\varphi]\frac{1-\nu_r}{1-2\nu_r}\frac{1-\nu_c}{1-2\nu_c}} \tag{4-5}$$

假定黏土区和岩石区的泊松比均为 0.25，得到

$$\kappa=\frac{[f_c(1-\varphi)+\varphi+2][2f_c(1-\varphi)+3\varphi]+2\gamma f_c(1-f_c)(1-\varphi)^2}{9[f_c(1-\varphi)+\varphi]} \tag{4-6}$$

$$\gamma = G_r / G_c$$

式中 G_r——岩石层剪切模量，MPa；

G_c——黏土层剪切模量，MPa；

f_c——黏土体积分数；

ν_c，ν_1——黏土和岩石的泊松比。

将 φ、f_c 和 κ 分别代入式（4-6），得到剪切模量（或弹性模量）比，见表 4-2。AL-WARDY 和 ZIMMERMAN[79] 认为石英的弹性模量是黏土的 25 倍是作为使用黏土壳模型的约束条件。由于黏土层并非等厚均匀地附着在岩层内壁，γ 可能小于 25。因此，黏土壳模型能够合理地解释 $\kappa>1$ 现象。

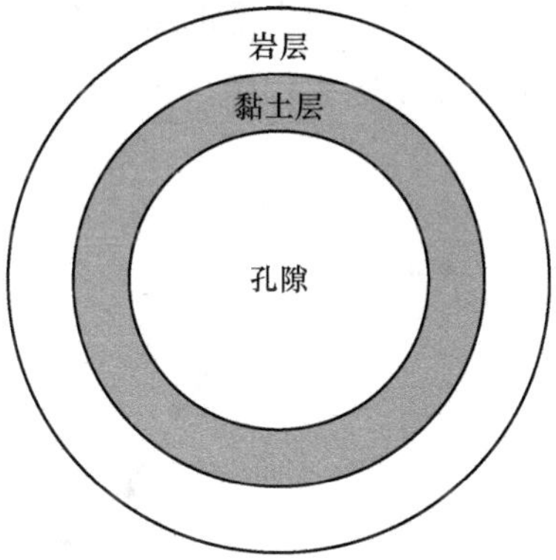

图 4-9 黏土壳模型理性化结构

表 4-2 岩层和黏土层剪切模量比

渗透率应力敏感性指数 κ	孔隙率 φ/%	黏土体积分数 f_c/%	黏土壳模型体积模量比 γ
2.9	2.60	19.7	15.54
2.9	5.04	19.7	17.61
2.9	2.60	28.9	16.79
2.9	5.04	28.9	18.49

进一步，当 $\kappa=0$ 时，相关系数 $R^2=0.8671$，拟合效果较差，表明页岩气运移发生在流固耦合环境下，必须考虑各种应力组合下页岩所处的实际有效应力。当 $\kappa=1$ 时，相关系数 $R^2=0.9377$，拟合效果有了一定的改善，然而，若采用 $\kappa=1$ 进行页岩气产量长时预测预报，与实际产量相比，仍有可能造成较大的偏差。因此，确定符合页岩气实际生产和实验室特定环境下的渗透率有效应力系数是有必

要的，未经试验验证，而忽略有效应力作用（$\kappa=0$）或是简单化有效应力（$\kappa=1$）都是值得商榷的。

值得注意的是，$\sigma_V=30\sim50$ MPa 是通过 σ_x 从 10 MPa 加载至 30 MPa 实现的。在 $k_a-(\sigma_x-\kappa P_p)$ 坐标空间中进行有效应力分析时，发现渗透率敏感性指数 ξ 不变，相当于 $k_a-(\sigma_V-\kappa P_p)$ 坐标空间中曲线的向左平移（图 4-10），表明本节研究中用 σ_V 代替 σ_x 进行渗流过程中的有效应力分析是合理的。图 4-10 中出现了 $(\sigma_x-\kappa P_p)<0$。对本节研究而言，压应力符号规定为正，也就是应力路径中涉及的各向异性主应力始终大于 0。$(\sigma_x-\kappa P_p)<0$ 是由于 $\kappa=2.9$，虽然 $\sigma_x>0$（表明页岩处于压应力状态），但在低体应力且有气压作用下，页岩的有效应力效应显著，可视为页岩试样处于拉应力作用下，其内部的渗流裂隙被进一步打开，甚至一些死端裂隙变成渗流裂隙。相较在压应力作用（$\sigma_{x_{\text{eff}}}=(\sigma_x-\kappa P_p)>0$）下，页岩在拉应力作用下渗透率最大。

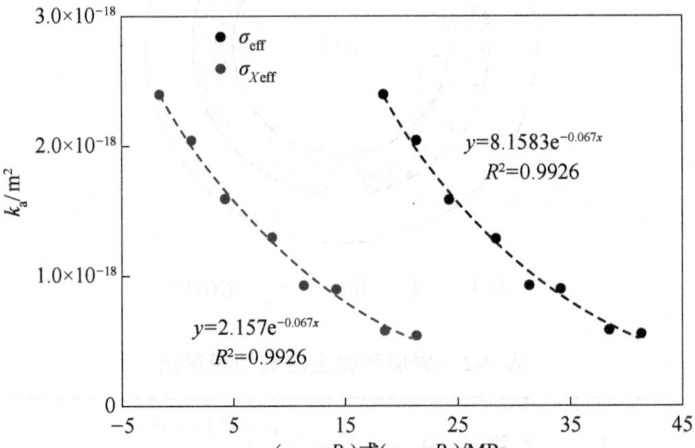

图 4-10 有效应力影响区表观渗透率与不同有效应力的关系

4.3.2 滑脱效应影响区渗透率有效应力系数

有关滑脱效应影响区页岩渗透率有效应力系数的研究相对较少，其确定方法有多种，例如平移法[79]、渗透率等值线法（iso-k_a）[84]。以 iso-k_a 为例，由于滑脱效应影响区渗透率随着 P_p 的增加，k_a 降低，渗透率等值线的斜率为负（图 4-10），这与实际不符。针对传统方法不能确定滑脱效应影响区 κ，LIU 等[73]和 HELLER 等[85]认为深部高应力环境下，随着 P_p 的增加，在有效应力作用下，k_a 减小减缓，即在滑脱效应影响区中孔隙压力处于某区间范围时，也存在某一 κ，使该范围内的表观渗透率离散程度最小，这就是该区的最佳渗透率有效应力系数。然而这一方法的不足是，求解 κ 的孔隙压力区间范围难以确定，若范围选取较小，透率的变化幅度相应减小，导致其离散程度本身就很小，$\kappa=1$ 情况下也能很好地表征这种小离散程度；若范围选取较大，则会将滑脱效应主导的渗透率数据纳入式（4-3）的拟合，造成 κ 值失真。

本节采用不同于 LIU 等[73]、HELLER 等[85]的研究方法。在有效应力影响区，有效应力变化对渗透率的影响程度至少不低于滑脱效应对渗透率的影响。在滑脱影响区，随着孔隙压力的增加，表观渗透率呈“V”形变化。在某一气体压力点，当表观渗透率最小时，表明有效应力与滑脱效应对渗透率的影响是相等的。本节研究认为，这一最小渗透率随着有效应力的变化趋势，同样适用于有效应力影响区，通过将滑脱影响不同体应力下的最小渗透率数据与有效应力影响区渗透率数据汇集，然后找出最佳的 κ 使其离散性最小，便得到滑脱影响区的渗透率有效应力系数。图 4-11 为不同体应力 σ_V 下滑脱影响区页岩表观渗透率 k_a 与孔隙压力 P_p 的二次关系。由图 4-11 可以看出，在 $\sigma_V=60$ MPa、80 MPa、160 MPa 下，k_a 出现最小值时，P_p 分别为 4.48 MPa、5.03 MPa 和 5.00 MPa（表 4-3）。因此，在高应力环境下，当 $P_p=5$ MPa 时，有效应力对渗透率的演化重新起主导作用。由于本试验中，孔隙压力仅为 2 MPa、3 MPa 和 4 MPa，因此采用下式构建渗透率拟合函数[73]，以此得到 $P_p=5$ MPa 时的页岩表观渗透率，即

$$k_a=k_a(\sigma_V,P_p)=a_1+a_2\sigma_V+a_3P_p+a_4\sigma_V^2+a_5\sigma_VP_p+a_6P_p^2 \tag{4-7}$$

若已知 k_a 和 P_p，那么

$$\sigma_V=\pm\sqrt{\frac{1}{a_4}(k_a-a_1-a_3P_p-a_6P_p^2)+\frac{1}{4}\left(\frac{a_2}{a_4}+\frac{a_5}{a_4}P_p\right)^2}-\frac{1}{2}\left(\frac{a_2}{a_4}+\frac{a_5}{a_4}P_p\right) \tag{4-8}$$

其中，a_1、a_2、a_3、a_4、a_5 和 a_6 分别为拟合系数；“+”或“-”的选择依据为试验应力路径。

表 4-3 滑脱影响区表观渗透率 $k_{a\min}$ 对应的孔隙压力 P_p

σ_V/MPa	二次函数拟合	$k_{a\min}$ 对应 P_p/MPa
60	$k_a=0.0142P_p^2-0.1271P_p+0.6988$	4.48
80	$k_a=0.0091P_p^2-0.0915P_p+0.4708$	5.03
160	$k_a=0.0008P_p^2-0.008P_p+0.0983$	5.00

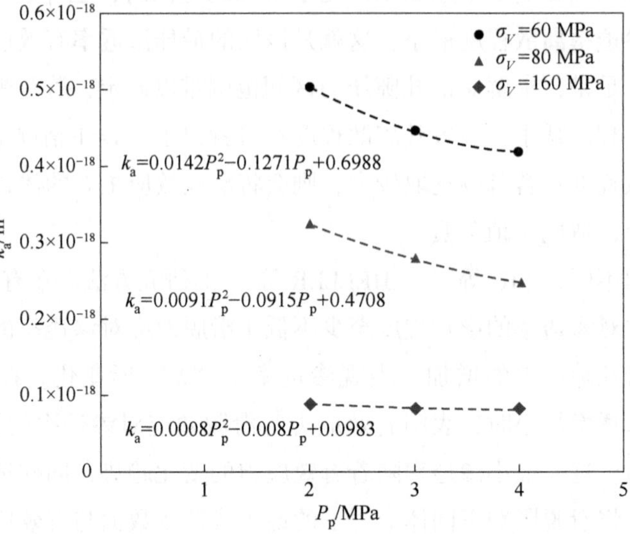

图 4-11　滑脱影响区页岩表观渗透率 k_a 与孔隙压力 P_p 的关系

在图4-11基础上，将页岩在滑脱影响区孔隙压力 P_p = 5 MPa 下的渗透率数据与有效应力区下的渗透率数据融合，通过指数拟合（式（4-3）），得到滑脱影响区的最佳渗透率有效应力系数 κ = 2.95（图 4-12）。可以看出，有效应力影响区和滑脱影响区的页岩渗透率有效应力系数相差无几，后者略大。不可否认，岩石在滑脱影响区有效应力系数的精准计算仍需要进一步研究。

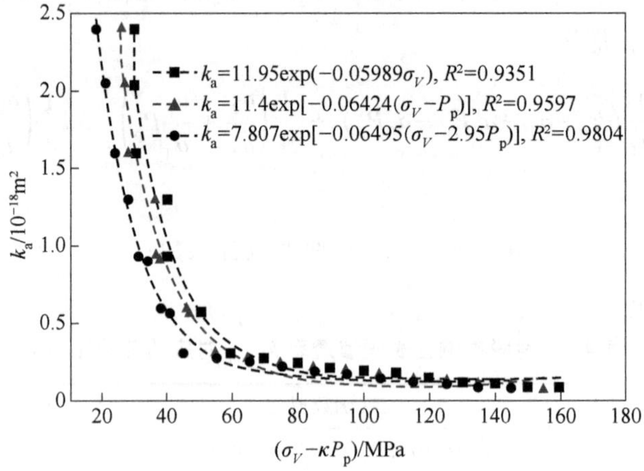

图 4-12　滑脱影响区页岩渗透率有效应力系数确定

4.4 滑脱影响区页岩固有渗透率

4.4.1 滑脱影响区页岩固有渗透率修正

页岩的典型结构特征是具有丰富的纳米级孔隙，表观渗透率 k_a 的一个显著特征是由于气体滑移而偏离达西流动。该流态下的流动机制是孔径和气体分子的平均自由程处于相同数量级，气体压力梯度不再控制其流动。针对 k_a 修正，KLINKENBER 提出了著名的线性修正方程（式（4-9）），其在以页岩气和煤层气为代表的非常规天然气开发中得到了广泛应用。Klinkenberg 采取的修正方法是在已知有效应力的前提下，绘制 $k_a-(1/P_p)$ 空间中的曲线，通过线性拟合，得到气体的固有渗透率 k_∞（截距）。通过图 4-13 确定了滑脱区的渗透率有效应力系数$\kappa=2.95$，而不是默认 $\kappa=1$[86]。然而，一些渗透率实验结果偏离了式（4-9），若采用线性修正，得到的 k_∞ 偏大或偏小。基于此，MOGHADAM 和 CHALATURNYK[87] 提出了表观渗透率和孔隙压力的二次关系式（式（4-10）），FATHI 等[88] 提出了双滑移 Klinkenberg 方程（式（4-11））。

$$k_a = k_\infty(1 + b/P_p) \tag{4-9}$$

$$k_a = k_\infty\left(1 + \frac{b}{P_p} - \frac{d}{P_p^2}\right) \tag{4-10}$$

$$k_a = k_\infty\left(1 + 2\frac{b}{P_p}\frac{L_{ke}}{\lambda}\right) \tag{4-11}$$

式中 b——Klinkenberg 修正系数，MPa；

d——二次滑脱系数（或滑脱系数），MPa²；

λ——气体分子平均自由程，m；

L_{ke}——与回弹分子的动能有关的长度标度，m。

依据式（4-9）~式（4-11），得到了图 4-13 所示的表观渗透率修正，拟合参数见表 4-4。可知，页岩在滑脱区的渗透率修正符合表观渗透率和孔隙压力的二次关系。通过图 4-13，得到了页岩的固有渗透率 k_∞ 与有效应力 σ_{eff} 同样满足指数关系（图 4-14），且滑脱效应可以减弱渗透率应力敏感性（$\xi=0.015\ \text{MPa}^{-1}$）。进一步，随着页岩固有渗透率 k_∞ 增加，滑脱系数呈指数（或幂律）下降，这与高气体压力下滑脱效应相应减弱是一致的。

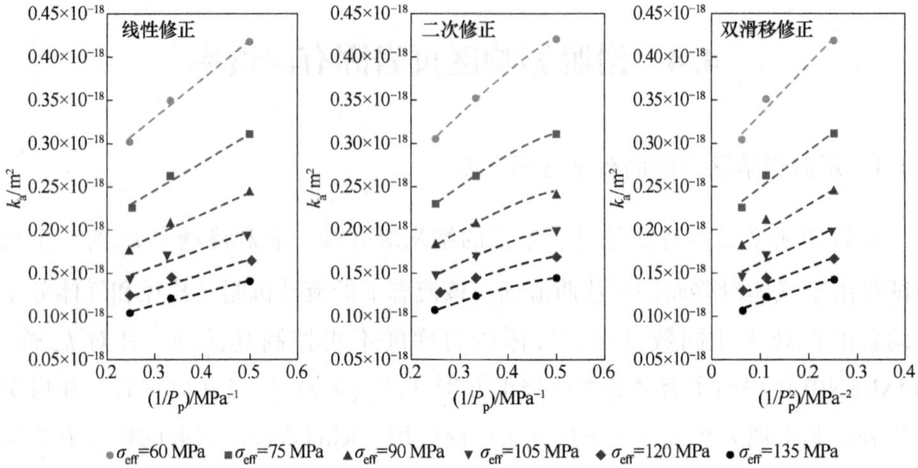

图 4-13　$\kappa=2.95$ 条件下页岩表观渗透率修正

表 4-4　表观渗透率修正函数

σ_V /MPa	线性修正		二次修正		双滑移修正	
	拟合方程 $x=1/P$，$y=k$	相关系数	拟合方程 $x=1/P$，$y=k$	相关系数	拟合方程 $x=1/P^2$，$y=k$	相关系数
60	$y=0.4512x+0.1932$	0.9923	$y=-0.6445x^2+0.9422x+0.1069$	1	$y=0.5841x+0.2737$	0.9717
75	$y=0.3278x+0.1470$	0.9908	$y=-0.5115x^2+0.7175x+0.0785$	1	$y=0.4240x+0.2055$	0.9689
90	$y=0.2523x+0.1175$	0.9894	$y=-0.4222x^2+0.5740x+0.0610$	1	$y=0.3263x+0.1626$	0.9665
105	$y=0.2022x+0.0972$	0.9881	$y=-0.3583x^2+0.4752x+0.0493$	1	$y=0.2613x+0.1334$	0.9643
120	$y=0.1669x+0.0825$	0.9869	$y=-0.3104x^2+0.4033x+0.0410$	1	$y=0.2156x+0.1123$	0.9622
135	$y=0.1408x+0.0714$	0.9858	$y=-0.2732x^2+0.3490x+0.0348$	1	$y=0.1818x+0.0966$	0.9604

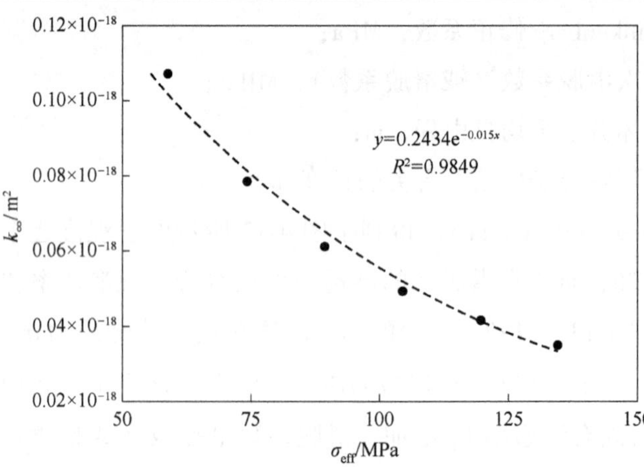

(a)

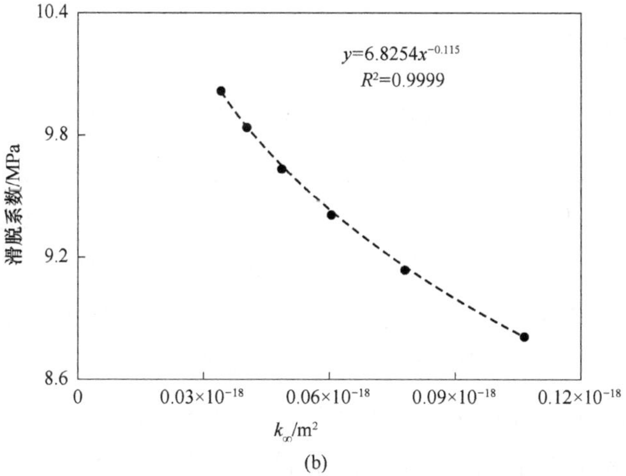

(b)

图 4-14 固有渗透率 k_∞ 与有效应力 σ_{eff}（a）、滑脱系数（b）的关系

图 4-15 为滑脱引起的渗透 k_{slip} 与表观渗透率 k_{a} 之比 η（$k_{\mathrm{slip}}/k_{\mathrm{a}}$）随孔隙压力 P_{p}、有效应力 σ_{eff} 变化的情况。可以看出，在深部应力环境下，η 均大于 60%，滑脱效应显著，在研究页岩气运移过程中必须考虑滑脱效应。当 P_{p} 一定，η 随着 σ_{eff} 的增加而增大，但增加幅度却不大。如 $P_{\mathrm{p}}=3$ MPa 时，当 σ_{eff} 由 60 MPa 增加到 135 MPa 时，η 仅增加了 2.57%；当 σ_{eff} 一定，随着页岩气的开采，孔隙压力不断衰竭（P_{p} 减小），η 明显地增加，滑脱效应显著。如 $\sigma_{\mathrm{eff}}=75$ MPa 时，当 P_{p} 由 4 MPa 衰减至 2 MPa 时，η 增加了 14.37%，表明相较页岩气储层的应力环境，孔隙压力变化对滑脱效应的作用更强。

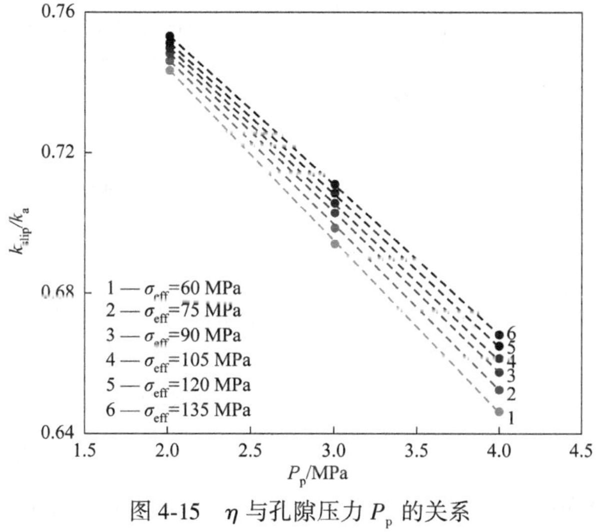

图 4-15 η 与孔隙压力 P_{p} 的关系

4.4.2　滑脱效应预测

由前文可知，有效应力影响区中气测渗透率的应力敏感性指数 ξ_a 约等于全程固有渗透率敏感性指数 ξ_∞。基于此，对有效应力影响区 k_a 与 σ_{eff} 进行指数拟合（式（4-3）），进而预测滑脱影响区 k_∞ 及滑脱型渗透率 k_{slip} 成为可能，确定 ξ_a 的关键是寻找有效应力影响区最佳 κ。图 4-16 为 k_∞（有效应力影响区 $k_a \approx k_\infty$）随 σ_{eff} 的演化趋势及 k_{slip} 预测示意图。图中有效应力影响区中 k_a（$\approx k_\infty$）与滑脱影响区中 k_∞ 用黑点表示，滑脱影响区中 k_a 用黑色五角星表示。全过程 k_∞ 的渗透率敏感性指数 $\xi = 0.06719\ MPa^{-1} \approx 0.067\ MPa^{-1}$（图 4-17）。因此，可以通过有效应力影响区的指数拟合函数简单预测滑脱影响区 k_∞，不用再进行 Klinkenberg 修正。

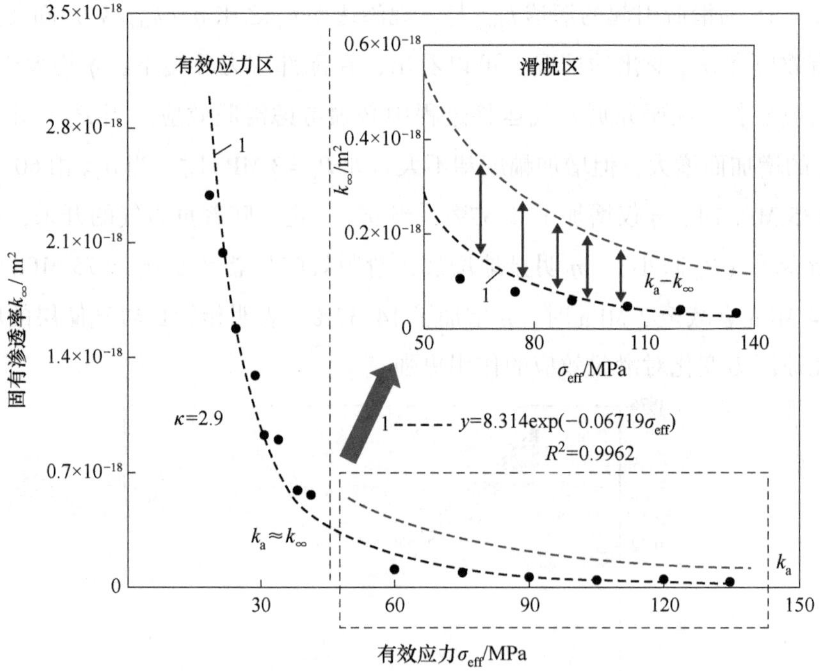

图 4-16　固有渗透率 k_∞ 随有效应力 σ_{eff} 的演化趋势及预测滑脱效应引起的渗透率变化

通过 LIU 等[73]研究的煤岩渗透率数据验证图 4-16。如图 4-17 所示，黑点数据点（σ_{eff}<39.18 MPa）表示有效应力型渗透率 k_a（$\approx k_\infty$）；灰色方块代表滑脱影响区（σ_{eff}>45 MPa）固有渗透率 k_∞。只对有效应力影响区表观（或固有）渗透率拟合得到的函数为：

$$k_{\infty 1} = 67.33\exp(-0.07\sigma_{\text{eff}}) \tag{4-12}$$

$$k_{\infty 2} = 69.47\exp(-0.07\sigma_{\text{eff}}) \tag{4-13}$$

通过式（4-12）预测滑脱影响区 k_∞，并与式（4-13）比较，结果见表 4-5。可知，可以利用式（4-12）近似估计滑脱影响区的页岩固有渗透率 k_∞。结合图 4-16 和图 4-17，量化滑脱效应的步骤如下：

（1）获得不同体应力 σ_V（或围压）和孔隙压力 P_p 组合下加载全过程页岩的表观渗透率 k_a 演化规律。

（2）以 k_a 随 P_p 的变化划分有效应力影响区（两者呈正相关）和滑脱效应影响区（两者呈负相关）。

（3）通过指数拟合得到有效应力影响区的最佳有效应力系数 κ 和渗透率应力敏感性指数 ξ。

（4）通过拟合指数函数和滑脱型渗透率演化区的地应力环境预测滑脱影响区固有渗透率 k_∞。

（5）得到滑脱效应引起的渗透率演化（=表观渗透率 k_a-固有渗透率 k_∞），量化滑脱效应。

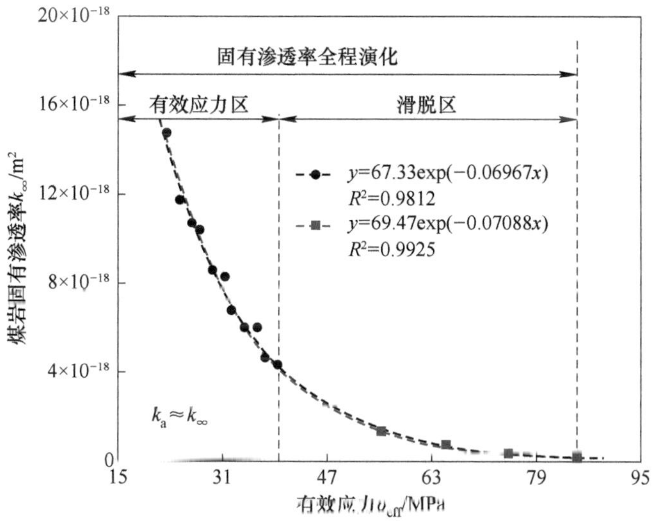

图 4-17　煤岩滑脱影响区固有渗透率 k_∞ 预测

表 4-5　式（4-12）与式（4-13）的计算结果比较

σ_{eff}/MPa	式（4-12）预测 $k_{\infty 1}$	式（4-13）预测 $k_{\infty 2}$	$k_{\infty 1}/k_{\infty 2}$
45	2.928	2.861	1.023
55	1.459	1.408	1.036
65	0.727	0.693	1.049
75	0.362	0.341	1.062
85	0.180	0.168	1.071

本节研究所设计的每个应力点是在较短时间下完成的流量和变形监测，这个时间尺度远不足以使棱长为 100 mm 的页岩试件吸附饱，因此忽略了甲烷的吸附解吸效应。在较短的应力加卸载和流量变形监测时间下，页岩的渗流变化是由滑脱效应和有效应力效应共同造成的。鉴于此，滑脱效应预测是可靠的。

5　近距离煤层瓦斯与火共治

5.1　矿井及工作面概况

5.1.1　矿井概况

5.1.1.1　位置与交通

朱家店煤矿位于中阳县城北西20°直距10 km的朱家店村，行政区划隶属中阳县金罗镇管辖。井田地理坐标为：东经111°07′28″~111°11′11″，北纬37°23′43″~37°26′58″，井田内交通便利。

5.1.1.2　井田地质特征

井田南北长6.05 km，东西宽3.1~4.6 km，面积为17.152 km^2。井田内可采4号、$5_上$号、6号、9号、10号煤层，矿井年生产能力1.2 Mt。井田位于中阳—离石向斜轴部，为一不对称向斜。井田内共揭露正断层49条，未见陷落柱、岩浆岩等其他构造，构造复杂程度属简单，对瓦斯赋存及地质单元的划分没有影响。

5.1.1.3　矿井开拓与开采

（1）矿井开拓。矿井为斜井开拓，有主、副、行人三条斜井作进风，南回风立井作回风。主斜井斜长823 m，井口距+730 m水平开口斜长634 m，井筒内装备25°大倾角胶带输送机，兼作进风；副斜井斜长928 m，井口至+760 m水平车场开口731.7 m，承担全矿井辅助提升任务，兼作进风；行人斜井斜长698 m，装备架空人车，兼作进风；回风立井垂深309 m，担负全矿井回风任务。朱家店煤矿井田内划分为两个水平，一水平标高为+760 m水平，服务于4号、$5_上$号、6号煤层，二水平标高为+680 m水平，服务于9号、10号煤层。

(2) 采煤方法与顶板管理。根据朱家店4号、$5_上$号、6号、9号、10号煤层赋存的具体情况，采煤工艺为综合机械化采煤，全部垮落法管理顶板。

(3) 矿井通风。根据井田开拓布置，通风方式选用对角式，通风方法为机械抽出式，矿井主要通风机型号为FBCDZNo31，功率2×450 kW，矿井总进风量为7546 m^3/min，总回风量为7629 m^3/min。掘进工作面采用局扇压入式通风，每个顺槽掘进工作面配2台型号为FBDNQ7.1的局部通风机，功率为2×37 kW。掘进工作面采用“三专两闭锁”，双风机双电源自动切换。

(4) 矿井瓦斯涌出量分析。矿井瓦斯涌出量测定结果是矿井采取瓦斯治理措施的关键参数，对煤矿安全开采至关重要。朱家店煤矿近年来瓦斯涌出情况如表5-1所示。

表5-1 朱家店煤矿近些年瓦斯涌出量测定情况

年份	矿井绝对瓦斯涌出量/($m^3\cdot min^{-1}$)	矿井相对瓦斯涌出量/($m^3\cdot t^{-1}$)	矿井瓦斯等级
2016	10.08	—	高瓦斯
2017	10.26	—	高瓦斯
2018	11.23	13.41	高瓦斯
2019	22.01	22.97	高瓦斯
2020	—	21.23	高瓦斯
2021	28.88	18.87	高瓦斯
2022	32.85	33.62	高瓦斯

5.1.2 工作面概况

0403-Ⅰ综采工作面位于一采区，地面标高+1018~+1175 m，工作面标高+651~+683 m，工作面走向长度366 m，工作面倾向长度100 m，煤层埋深340 m，煤层平均倾角为6°~8°，设计日生产能力694.98 t，煤层平均厚度为1.35 m。工作面计划配风量为1150 m^3/min。4号煤层及邻近层综合柱状图如图5-1所示。0403-Ⅰ工作面设计如图5-2所示。

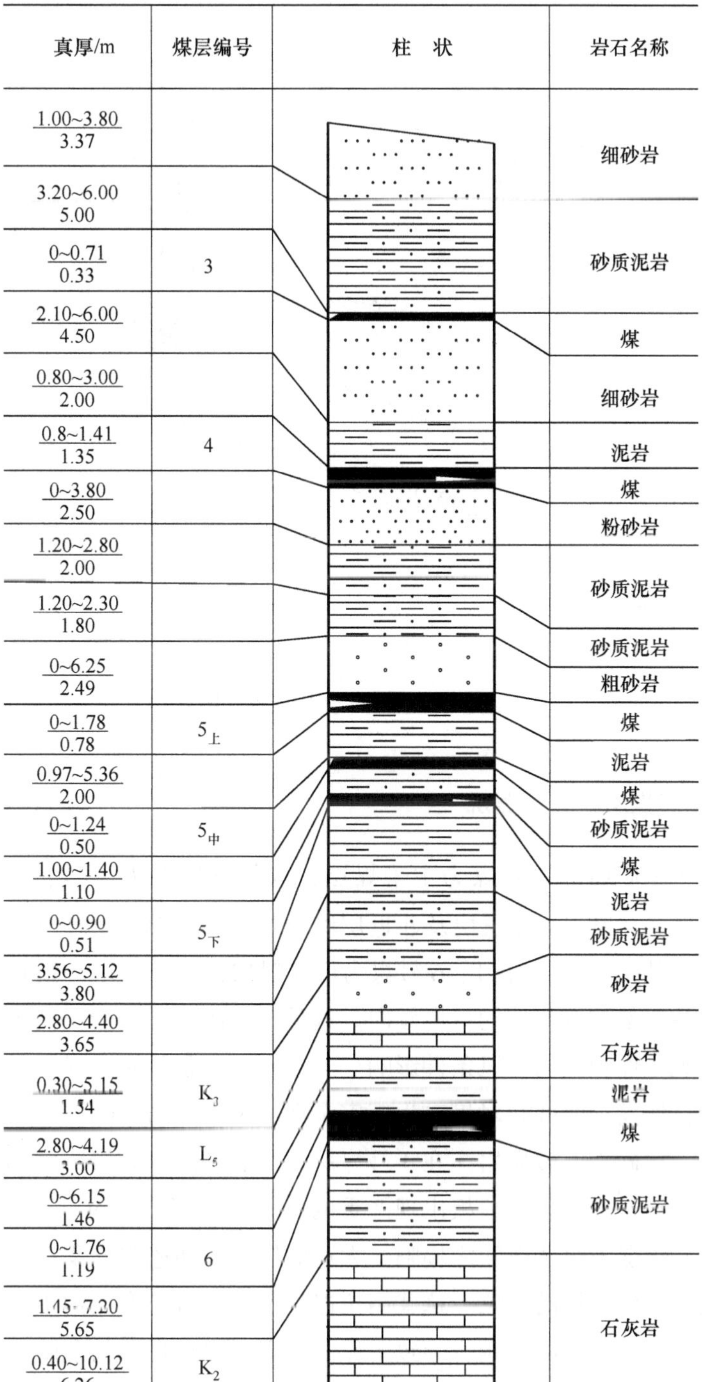

图 5-1 4 号煤层及邻近层综合柱状图

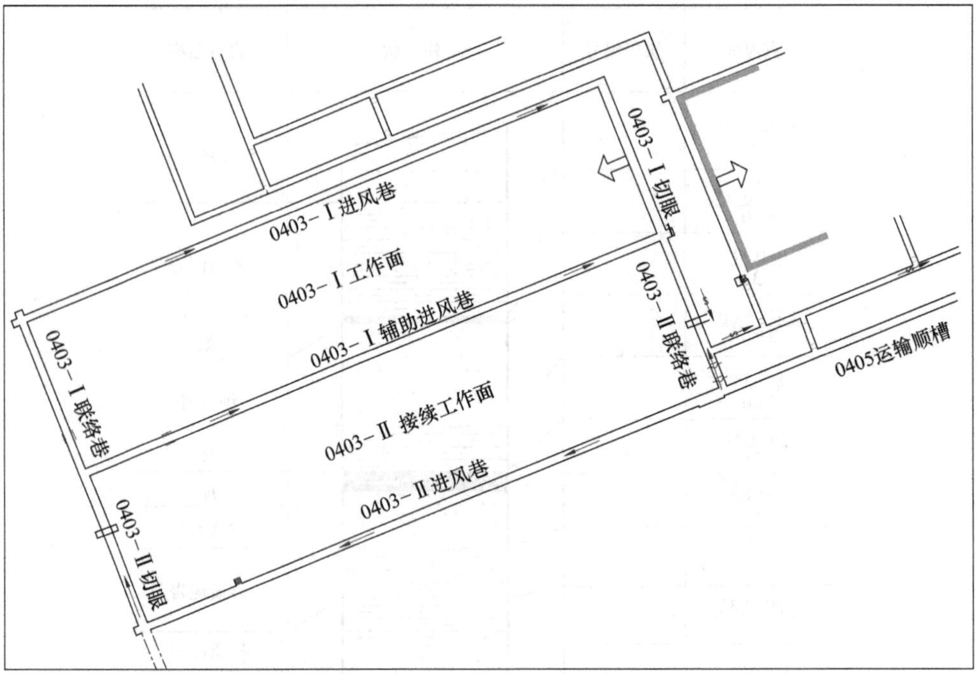

图 5-2　0403- Ⅰ工作面设计图

5.1.3　近距离煤层群开采概况

目前，朱家店煤矿 4 号煤为主采煤层，其邻近煤层为 3 号、$5_{上}$号、$5_{中}$号、$5_{下}$号、6 号煤层。根据 4 号煤层及邻近层综合柱状图得到，4 号煤与其他煤层平均距离较近。其中 4 号、$5_{上}$号、6 号煤为可采煤层，三个煤层的物理和化学性质有着相似之处，都具有一定的自燃倾向。这种自燃倾向可能会受到煤质、煤的含水率、煤的氧化性和煤的通风条件影响。当达到一定条件时，煤层就存在自燃的威胁，这种自然发火的威胁对煤矿生产安全造成了极大的影响。煤层之间的岩层主要是泥岩、粉砂岩、砂质岩。在 4 号煤层开采后，由于煤岩应力的改变，原有煤岩应力平衡被打破，导致顶板出现严重的垮落和变形。同时，4 号煤层上部顶板和上覆 3 号煤层的煤体也随之塌陷，大量的煤矸石和遗煤堆积在 4 号煤层的采空区，形成了高位遗煤的现象。这些高位遗煤不仅会对工作面的生产效率造成影响，还可能会受到漏风的影响，导致工作面采空区出现自燃的危险。由于遗煤的存在，采空区的通风流动会受到一定的限制，容易形成局部积风，从而使采空区内部的氧气浓度升高，煤体的自然发火倾向性增加。如果采空区内的煤体自燃，不仅会对煤矿生产造成极大的影响，还可能会引发火灾事故，对人员和设备造成严重的威胁。4 号煤层与下邻近煤层之间的平均距离较近，同时下覆煤层的采空区存在大量的漏风通道，下邻近煤层和地表处漏风易于通过漏风通道进入 4 号煤层。这种情况下，主要可采煤层采空区的自燃危险性都会增加。4 号煤属较稳定的可采煤层。在该工作面范围内，煤层厚度 0.8～1.41 m，平均 1.35 m，垮落带高度约为 7.6 m。根据工程现场情况，4 号煤层的采空区存在严重的漏风现象，这导致氧化带的分布范围较广。考虑到采空区内存在大量的遗煤，这就增加了 0403-Ⅰ工作面自然发火的风险。因此，需要采取合理有效的措施来管理采空区内的漏风现象，加强采空区的气体监测，减小自然发火和爆炸事故的发生风险，确保煤矿生产的安全和稳定。

5.1.3.1 瓦斯涌出量情况分析

0403-Ⅰ工作面位于朱家店煤矿 4 号煤层一水平南翼一采区，在采煤过程中，煤层顶板受到采动应力影响，导致煤岩体破坏，从而造成围岩及邻近层瓦斯涌向工作面。朱家店煤矿最近一次测量矿井绝对瓦斯涌出量为 32.85 m^3/min，矿井相对瓦斯涌出量为 33.62 m^3/t，属于高瓦斯矿井。由于朱家店煤矿瓦斯涌出量较大，为煤矿安全生产带来了极大的安全隐患。4 号煤层的原始瓦斯含量较高，需对开采煤层原始瓦斯进行预抽，而 4 号煤层的透气性系数较低，瓦斯的抽采难度便相应增加。同时，采空区内瓦斯随漏风风流不断运移，造成采空区深部瓦斯可爆带与氧化带复合，当采空区内发生遗煤自燃时，很容易造成瓦斯爆炸，必须采取有效措施降低采空区瓦斯与火复合灾害的影响。

5.1.3.2 4 号煤层自燃情况分析

朱家店煤矿所处煤田内煤层的含硫量较高，属于中高硫煤，其热值相对较低，但含硫量较高，煤的自然发火风险随之增大。这种情况下，如果煤层采空区内的自然发火倾向性较高，就可能引发自然发火和爆炸事故，对生产人员和设备造成严重的威胁。因此，朱家店煤矿的安全生产工作重点之一就是对含硫煤层的火灾治理。从煤的含硫性分析发现 4 号煤层全硫（$S_{t,d}$）为 0.32%～1.69%，平均 0.56%，为低硫，自燃倾向性不大；$5_{上}$号煤层全硫（$S_{t,d}$）0.49%～4.30%，平均 1.42%，为中硫，有一定的自燃倾向性；6 号煤层全硫（$S_{t,d}$）为 0.46%～6.56%，平均 1.83%，为中硫，有一定的自燃倾向性。从煤的破碎程度分析可以得出，煤的破碎程度越大，煤氧反应就越剧烈，煤的自燃风险也就越高。并且脆性和风化率较大的煤也更容易发生自燃。在4号煤的主要巷道沿煤层布置，受采动影响较大，容易产生漏风现象，进而加快煤体氧化进程，增加自燃的可能性。

5.1.3.3　邻近煤矿自燃情况分析

与朱家店煤矿相邻的张子山矿地质条件和煤层的赋存条件与朱家店煤矿相似。该矿主要可采4号、$5_上$号、6号和10号煤层。张子山煤矿可采煤层含硫量统计如表5-2所示。

表5-2　张子山矿可采煤层含硫量统计

煤层编号	4	$5_上$	6	10
全硫 $S_{t,d}$/%	$\frac{0.32\sim1.69}{0.56}$	$\frac{0.49\sim4.30}{1.42}$	$\frac{0.46\sim6.56}{1.83}$	$\frac{1.07\sim2.52}{1.64}$

根据张子山矿的自燃倾向性鉴定结果，该煤矿的四个可采煤层均属于自燃煤层，煤层的自然发火隐患较大，需要采取有效的防范措施。自张子山矿投产以来，由于煤矿自然发火原因，已经造成了1个工作面被迫封闭，给煤矿的安全生产带来了极大影响。

5.1.3.4　问题分析

根据4号煤与邻近层煤的位置关系，0403-Ⅰ工作面开采过程中，上覆岩层受到采动影响逐渐垮落造成上邻近层3号煤落入0403-Ⅰ工作面采空区，导致采空区内的遗煤大量增加。同时工作面漏风携带氧气进入到采空区内，增加采空区遗煤自然发火的风险；采动过程中，煤岩裂隙增加，造成邻近层瓦斯大量进入采空区，致使采空区内存在高浓度瓦斯。因此，采空区内存在瓦斯与火复合灾害的风险，需要采取综合治理措施防治瓦斯与火复合灾害的发生。

5.2　采空区自燃危险区域判定

5.2.1　煤自燃极限参数

5.2.1.1　最小浮煤厚度

当0403-Ⅰ工作面开采后，采空区内部会留有部分遗煤。同时，4号煤与上邻近层 3 号煤的距离约为 6.50 m，3 号煤厚度为 0~0.71 m，煤层不稳定，为不可采煤层。在采动影响下，3 号煤会垮落至 4 号煤采空区，在 4 号煤采空区形成大量浮煤。由于工作面漏风影响，浮煤会与氧气发生缓慢氧化反应，采空区浮煤存在自然发火的危险。通常采空区浮煤厚度与环境温度及风速有关，由于采空区内部地质环境较为复杂，几乎难以准确判定采空区浮煤厚度。

采空区浮煤厚度通常与工作面回采率、孔隙率等参数有关。0403-Ⅰ综采工作面平均煤厚约为 1.35 m，工作面回采率按照 90%计算，分析得到采空区垮落带高度约为 7.60 m，推测 3 号煤层整体会垮落至采空区内，按照 3 号煤层最大厚度计算，得到采空区平均浮煤厚度约为 0.89 m。

5.2.1.2 下限氧体积分数

采空区内自燃发火需要具备两个最基本要素，分别是浮煤和氧气。工作面回采过后，采空区内部会留下浮煤，在工作面漏风和采动裂隙影响下，由邻近工作面漏入的风流携带氧气发生缓慢的氧化反应积聚热量，热量增加会进一步加剧采空区内的浮煤氧化，致使煤体氧化反应加速，当温度达到煤自燃的临界温度，煤体自燃的风险快速增加。表征煤体自然发火的最小氧体积分数值为下限氧体积分数，这个值越小，采空区内发生浮煤自燃的概率越高。

目前，监测采空区浮煤自燃的主要方法是在采空区布置束管监测系统，通过监测氧体积分数变化来划分采空区自燃“三带”分布范围及监测煤自燃标志性气体（本文主要选择 CO 作为标志性气体）的变化规律。通常认为煤炭自燃带和窒息带的氧指标有 10%、7%、5%等值[89]，散热带和自燃带氧指标有 18%、17%等值[90]，可以利用试验的方法分析煤的临界氧体积分数，在煤自燃氧化试验过程中，设定不同氧体积分数，观测煤体与氧气反应生成 CO、C_2H_4、C_2H_2 等气体组分的难易程度，以此确定煤自然发火的临界氧浓度。

本书利用采空区浮煤厚度和下限氧体积分数之间的变化规律来确定遗煤自燃下限氧体积分数的值。根据 4 号煤程序升温试验的结果，4 号煤为Ⅱ类自燃煤层，需要采取措施监测采空区内浮煤自燃的变化情况。同时，确定过小或者过大的下限氧气体积分数对于防治采空区内浮煤自燃均没有太大意义。根据 4 号煤自然氧化特征，得到朱家店煤矿 4 号煤自然发火的临界温度为 60~70℃。根据采空区浮煤厚度与下限氧气体积分数得出二者呈负相关关系[91]，根据采空区浮煤厚度，下限氧体积分数取值为 10%，认为采空区氧气体积分数大于 10%时，可能发生浮煤自燃的风险。

5.2.1.3 上限漏风强度

采空区内漏风强度对采空区的浮煤氧化影响很大，通常漏风风流会受到采空区冒落煤岩体的影响，造成采空区内复杂的流场变化。当工作面配风量较大时，采空区漏风强度也会增大，漏风风流携带氧气与采空区内煤体反应，导致采空区内遗煤自然发火。当采空区内部风流运移的通道较为顺畅时，漏风风流会及时带走采空区内积聚的热量，采空区不易发生煤体自燃；当采空区受到采动影响时，冒落煤岩体垮落造成漏风通道阻塞，此时漏风风流仍携带大量氧气与煤体反应，导致采空区内温度积聚升高，而漏风不能及时带走积聚的热量，采空区发生煤体自燃的风险会快速升高。

对于某一工作面，在其他条件确定的情况下，漏风量的大小对散热量的变化规律影响很大。因此，采空区漏风量增加到一定值时，漏风风流会带走遗煤氧化积聚的热量，通常将采空区所有氧化热带走的漏风最小风量定义为上限风量，也可以变换为上限漏风强度。本书主要采用裂隙带高位钻孔治理采空区瓦斯，钻孔抽采负压过大时，采空区内的漏风风流也会受到负压影响。本书取 0.004 m/s 作为 0403-Ⅰ综采工作面采空区漏风强度值。

5.2.2 采空区自燃“三带”的划分

5.2.2.1 采空区自燃“三带”划分指标

根据前述对煤自燃极限参数的分析，得出 0403-Ⅰ综采工作面采空区最小浮煤厚度为 0.89 m，采空区遗煤下限氧体积分数取 10%，采空区上限漏风强度取 0.004 m/s。为了研究瓦斯与火共治对采空区自燃“三带”分布规律的影响，本书利用数值模拟分析工作面采空区氧气浓度和漏风风速分布情况。在分析采空区氧化带宽度时，利用 0.004 m/s 的漏风风速上限和 10%氧气体积分数下限耦合划分采空区氧化带宽度。在实际生产过程中，工作面采空区氧化带宽度受到多种因素的影响，需要综合研究分析采空区自燃情况。采空区自燃“三带”的划分指标如表 5-3 所示。

表 5-3 煤自燃“三带”划分指标

煤自燃“三带”	窒息带	氧化带	散热带
氧气浓度/%	<10	10~18	>18
漏风风速/($m \cdot min^{-1}$)	<0.1	0.1~0.24	>0.24

5.2.2.2 采空区自燃危险区域判定过程

根据4号煤自燃氧化特性试验得到混合粒径煤样的耗氧速率，综合利用采空区漏风风速分布曲线和氧气分布曲线耦合划分的方法研究0403-Ⅰ综采工作面采空区自燃危险区域。采空区自燃危险区域的具体判定如下：

（1）根据4号煤的采动情况以及上邻近层的位置关系，综合确定采空区内的遗煤情况；

（2）采用数值模拟的方法，分析采空区内漏风风速和氧气分布规律；

（3）利用漏风风速和氧气体积分数耦合划分0403-Ⅰ综采工作面采空区自燃“三带”范围；

（4）利用束管监测系统分析采空区内氧气体积分数的变化规律。

5.3 采空区流场运移数值模型

5.3.1 采空区流场运移理论方程

5.3.1.1 采空区渗流运移模型

采空区内存在多组流体，主要以 O_2、CH_4、N_2、CO 为主，这些流体流动都要遵循质量守恒定律、动量守恒定律、能量守恒定律等基本控制方程[92]。

（1）连续性方程：

$$\frac{\partial \rho}{\partial t} + \frac{\partial (\rho u_i)}{\partial x_i} = S_m \tag{5-1}$$

式中 i——坐标（x，y，z）；

ρ——各组分气体混合状态下的密度，kg/m^3；

t——时间，s；

u_i——速度分量，m/s；

S_m——采空区去气体质量变化量。

（2）动量守恒方程：

$$\frac{\partial}{\partial t}(\rho u_i) + \frac{\partial}{\partial x_j}(\rho u_i u_j) = \frac{\partial p}{\partial x_i} + \frac{\partial \tau_{ij}}{\partial x_i} + \rho f_i + S_i \tag{5-2}$$

式中 p——气流微元压力，Pa；

τ_{ij}——黏性应力分量，Pa；

f_i——i 方向单位质量力，m/s^2；

S_i——i 方向动量的源项。

（3）能量守恒方程：

$$\frac{\partial(\rho T)}{\partial t} + \mathrm{div}(\rho UT) = \mathrm{div}\left[\frac{k}{c_p}\mathrm{grad}(T)\right] + S_T \tag{5-3}$$

式中 T——温度，℃；

c_p——比热容，J/(kg · K)；

k——采空区流体传热系数，$W/(m^2 \cdot K)$；

S_T——能量源项。

5.3.1.2 采空区多孔介质模型

采空区内部是主要由垮落的煤岩顶板和未采走的遗煤组成的一个非均质多孔介质区域。由于采空区具有复杂的地质条件和空间结构，其对流体的运动具有阻力作用，这种阻力作用可以通过在动量方程中添加动量源项来描述[93]。

$$S_i = \sum_{j=1}^{3} C_1 \mu v_j + \sum_{j=1}^{3} C_2 \frac{1}{2}\rho |v_j| v_j \tag{5-4}$$

式中 S_i——动量源项；

C_1，C_2——黏性阻力和惯性阻力损失系数；

v_j——速度在 j 方向上的速度分量，m/s；

μ——组分气体动力黏度，Pa · s。

研究表明，在流体微元体上黏性阻力系数能够认为是各向同性，黏性阻力系数 C_1 与采空区渗透率互为倒数，可以得到简化模型：

$$S_i = -\frac{1}{K}\mu v_i \tag{5-5}$$

5.3.1.3 采空区气体组分输运模型

采空区内部甲烷、氧气、氮气、一氧化碳、二氧化碳等多组分气体满足组分守恒方程：

$$\frac{\partial(\rho m_s)}{\partial t} + \mathrm{div}(\rho U m_s) = \mathrm{div}[D_s \mathrm{grad}(\rho m_s)] + S_s \tag{5-6}$$

式中 m_s——气体组分体积浓度，%；

ρ——气体质量密度，kg/m^3；

D_s——气体组分扩散系数，m^2/s；

S_s——气体组分在单位时间和体积的生产率，%。

采空区内的氧气主要受到瓦斯运移和遗煤耗氧两方面的影响，耗氧量通常可用式表示：

$$R_{O_2} = AC_{O_2}^{\alpha}\exp - \frac{E}{RT} \tag{5-7}$$

式中 A——指前因子，s^{-1}；

C_{O_2}——氧气浓度；

α——常数；

E——反应活化能，J/mol；

R——氧气的气体常数；

T——热力学温度，K。

5.3.2 采空区采动裂隙场分布

5.3.2.1 上覆岩层垮落特征

煤层采动过程中，煤层上方的岩体受到煤层支承作用，在煤层未开采前处于一种相对平衡的状态，称为压实贴近状态。一旦开始采动煤层，煤层支承作用就会减弱，导致上方的岩体失去支承而冒落下沉，同时岩体之间的应力分布也会发生变化，破坏了应力平衡。研究表明，采空区采动裂隙演化分为两个阶段：首先，工作面推进导致采空区顶板上覆岩层裂隙扩大；其次，采空区中部裂隙被压实，四周的离层裂隙和垮落裂隙保存较完整，形成一个连通的裂隙发育区，称为采动裂隙“O”形圈[94]，通常情况下，采空区“O”形圈是采空区瓦斯、漏风风流的主要途径。根据“O”形圈的理论可知，采空区垮落带内沿走向和倾向渗透率呈对称分布，采空区垮落带中部受到顶板冒落影响重新形成压实区，该区域渗透率较小，而四周由于支护的作用渗透率逐渐变大。从立体方向上分析，采空区的渗透率变化不明显，根据“O”形圈理论，通常将采空区分为自然堆积区、承压碎胀区和压实稳定区来描述采空区垂直方向上渗透率分布规律，采空区“O”形圈分布规律如图 5-3 所示。

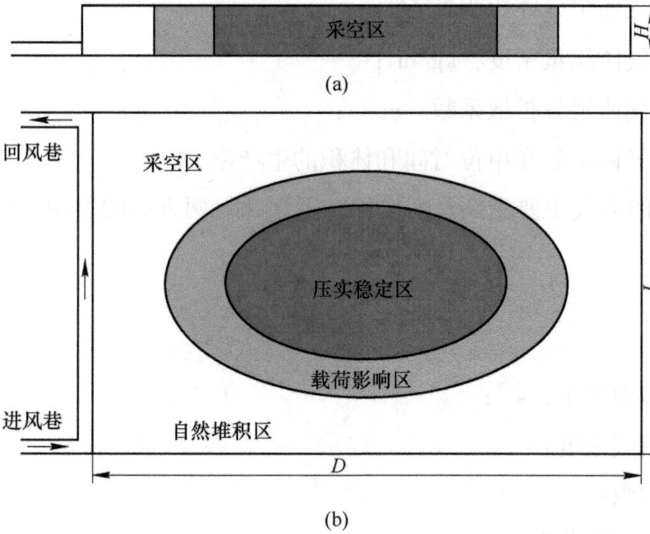

图 5-3　采空区“O”形圈分布图

（a）俯视图；（b）侧视图

5.3.2.2　采空区非均质冒落

综采面煤层开采后，工作面及采空区上方煤岩体受到重力作用垮落，在纵向和横向两方向形成“竖三带”和“横三区”。采空区“三带”和“三区”分布规律如图 5-4 所示。

（1）垮落带及其高度。0403-Ⅰ工作面直接顶为砂质泥岩，老顶为粗砂岩，工作面平均煤厚 $\sum M=1.35$ m，采空区垮落带高度由式（5-8）计算。垮落带和裂隙带高度经验计算公式如表 5-4 所示。

$$H_c=\frac{100\sum M}{4.7\sum M+19}\pm 2.2 \tag{5-8}$$

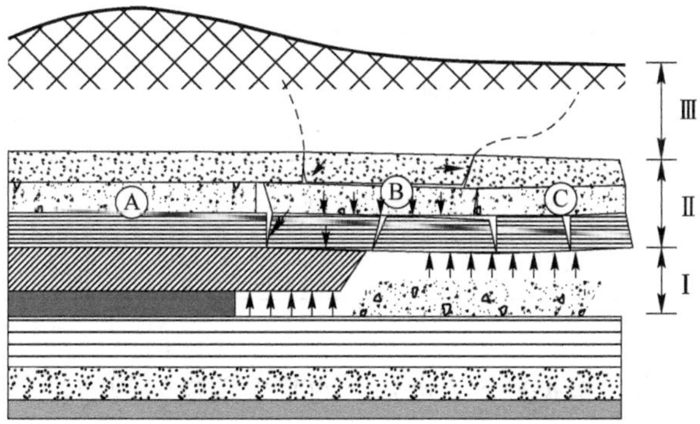

图 5-4 采空区“三带”和“三区”分布示意图

A—煤壁支承区；B—离层区；C—重新压实区；
Ⅰ—垮落带；Ⅱ—裂隙带；Ⅲ—弯曲下沉带

根据式（5-8）计算得到 0403-Ⅰ工作面采空区上覆煤岩处垮落带高度约为 7.60 m。

（2）裂隙带及其高度。0403-Ⅰ工作面上覆煤岩中有两层泥岩层，工作面平均煤厚 $\sum M=1.35$ m，采空区裂隙带高度由式（5-9）计算。

$$H_{\mathrm{f}}=\frac{100\sum M}{1.6\sum M+3.6}\pm 5.6 \tag{5-9}$$

根据式（5-9）计算得到 0403-Ⅰ工作面采空区上覆煤岩处裂隙带高度为 29.1 m。

表 5-4 采空区上覆岩层高度计算经验公式

覆岩性质	单向抗压强度/MPa	主要岩石名称	垮落带高度计算公式/m	裂隙带高度计算公式/m
坚硬	40~80	石英砂岩、石灰岩、砂质页岩、砾岩	$\frac{100M}{2.1M+16}\pm 2.5$	$\frac{100M}{1.2M+2.0}\pm 8.9$
中硬	20~40	砂岩、泥质灰岩、砂页岩、页岩	$\frac{100M}{4.7M+19}\pm 2.2$	$\frac{100M}{1.6M+3.6}\pm 5.6$
软弱	10~20	泥岩、泥质灰岩	$\frac{100M}{6.2M+32}\pm 1.5$	$\frac{100M}{3.1M+5.0}\pm 4.0$

续表 5-4

覆岩性质	单向抗压强度/MPa	主要岩石名称	垮落带高度计算公式/m	裂隙带高度计算公式/m
极软弱	<10	铝土岩、风化泥岩、黏土、砂质黏土	$\frac{100M}{7.0M+63}\pm1.2$	$\frac{100M}{5.0M+8.0}\pm3.0$

注：M 为煤层开采的厚度，m。

（3）弯曲下沉带。根据图 5-5 可知，通常上覆煤岩裂隙带层位以上均为弯曲下沉带，并且弯曲下沉带整体的层状结构保持得较为整齐，整体岩层位移较小，采空区内弯曲下沉带的瓦斯流动性很弱。

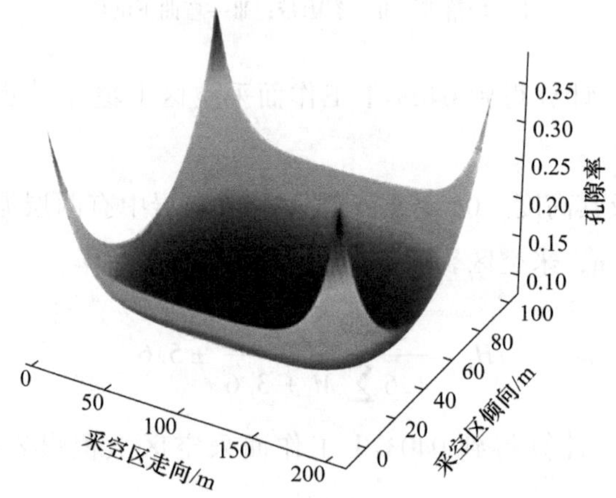

图 5-5　采空区孔隙率分布曲面图

扫码看彩图

5.3.3　采空区多孔介质设置

根据前述分析，在研究 0403-Ⅰ工作面采空区多组分气体运移规律之前，需要对模型参数控制方程进行设置。

（1）孔隙率：

$$f = 1 - \frac{1}{K_{\mathrm{p}}(x,\ y,\ z)} \tag{5-10}$$

图 5-5 为切顶成巷条件下采空区孔隙率分布[95]曲线。朱家店矿 0403-Ⅰ工作面采空区孔隙率沿工作面走向和倾向趋势相同，整体分析发现沿巷道两侧孔隙率

较大；采空区中部孔隙率较小，这是由于巷道两侧孔隙率受上覆岩层拉应力作用，造成采空区四个方位角孔隙率较大，而中部受到煤岩垮落影响，孔隙率较小。

（2）渗透率：

由 Carman 表达式可知，采空区渗透性系数可由采空区内部平均粒径大小和孔隙率分析得出：

$$K = \frac{D_p^2}{150}\frac{f^3}{(1-f)^2} \tag{5-11}$$

（3）黏性阻力系数 C_1：

$$C_1 = 1/\alpha = \frac{150}{D_p^2}\frac{(1-f)^2}{f^3} \tag{5-12}$$

（4）惯性阻力系数 C_2：

$$C_2 = \frac{3.5}{D_p}\frac{1-f}{f^3} \tag{5-13}$$

5.3.4 模型建立及参数选择

5.3.4.1 物理模型建立

本书主要利用 ANSYS Workbench 2021R2 版本对所建物理模型进行数值模拟分析。主要利用 Design Modeler 平台建立物理模型、利用 Meshing 平台进行网格剖分和边界条件创建、利用 Fluent 平台进行解算、利用 CFD-Post 平台进行后处理分析。

利用 Design Modeler 建立 0403-Ⅰ综采工作面采空区物理模型。物理模型参数如表 5-5 所示。0403-Ⅰ综采工作面采空区物理模型如图 5-6 所示。

表 5-5 几何参数

几何名称	几何尺寸/m	几何名称	几何尺寸/m
主进风巷	30×4×2.5	埋管	10×0.3×0.3
辅助进风巷	30×4×2.5	3 号煤层	100×200×0.71
沿空留巷	200×4×2.5	采空区	100×200×30
工作面	100×6×2.5	垮落带	0~10
高位钻孔	50×0.1×0.1	裂隙带	10~30

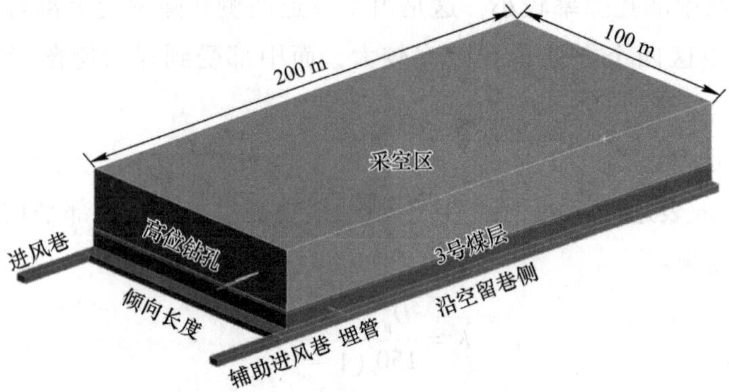

图 5-6　采空区几何模型图

为了进一步研究抽采作用对采空区内瓦斯运移规律的影响，在采空区裂隙带内设计三个高位钻孔，这三个钻孔的终孔距离回风巷道顶板上方垂直距离分别为 12. 2 m、15. 1 m 和 19. 2 m，距离回风巷道水平距离分别为 25 m、20 m 和 15 m。三个钻孔孔径均为 94 mm。

5. 3. 4. 2　模型假设和网格划分

在实际工程中，工作面采空区是一个动态复杂的系统，为了提高数值模型解算收敛的精度，根据 0403-Ⅰ综采工作面现场情况，将采空区模型做下列简化处理：

（1）根据采场多组分气体流动情况，将采场气体流动视为理想气体；

（2）在模拟采空区瓦斯运移时，忽略工作面和进、回风巷瓦斯源项，只考虑采空区垮落带和裂隙带瓦斯源项；

（3）在设置采空区孔隙率时，认为采空区煤岩的冒落特性不随时间变化，保持计算参数稳定；

（4）假设瓦斯为 100% CH_4，进风巷氧气体积分数为 21%，氮气为 79%，忽略其他气体影响；

（5）根据工作面开采情况，假设几何模型整体结构为矩形结构，模型内部温度为常温；

（6）根据工作面概况可知，煤层倾角较小，在考虑重力对瓦斯的影响时，假设开采煤层为水平煤层。

基于以上假设，建立 0403-Ⅰ综采工作面采空区物理模型，并使用 Meshing

平台对物理模型进行网格划分，模型网格以六面体结构为主。根据网格划分结果，总共划分904577个网格单元，辅助进风巷、进风巷、工作面和沿空留巷网格划分间距为0.5 m，总共划分45948个网格单元；采空区网格划分间距为1.0 m，划分848679个网格；高位钻孔网格划分间距0.1 m，划分6750个网格单元；埋管网格划分间距0.1 m，划分3200个网格单元。

5.3.4.3 模型边界条件设置

采空区内受到工作面漏风影响，存在较低的风流流动，基本符合湍流计算模型，在模拟采空区多组分气体运移时，需要选用湍流模型中RNG k-□模型，同时选择能量模型和组分运输模型；对于边界设置，主、辅进风设为速度入口，注氮口设为质量流入口，沿空留巷（回风巷）出口为自由出流，高位钻孔和埋管出口设置为速度出口，工作面与采空区交界面设为内部界面，沿空留巷巷道与采空区的相交面设为多孔介质跳跃，其余面均设为壁面。

5.4 不同通风条件下采空区流场运移规律

分析不同通风方式对工作面安全开采的影响，对于科学有效治理工作面采空区瓦斯与火复合灾害具有重要意义。本节采用数值模拟的方法分析“U”“Y”“W”型通风条件下，采空区流场分布特征、瓦斯体积分数变化和氧化自燃带分布情况，得到适用于0403-Ⅰ综采工作面的通风方式。

5.4.1 模拟方案

根据0403-Ⅰ工作面实际布置情况，利用数值模拟的方法讨论工作面“U”“Y”“W”型通风条件下采空区流场运移规律，并根据5.2节提出的采空区氧化带范围划分指标分别讨论三种通风方式下采空区氧化带分布规律。设计0403-Ⅰ工作面配风量为1500 m^3/min，主、辅配风采用1100 m^3/min、400 m^3/min的配比进行供风。0403-Ⅰ工作面不同通风方式布置设计如图5-7所示。

5.4.2 采空区流场分布结果

图5-8是“U”型通风条件下0403-Ⅰ工作面采空区流场和瓦斯体积分数分布情况。由图可知，根据“O”形圈理论，当0403-Ⅰ工作面采用“U”型通风时，

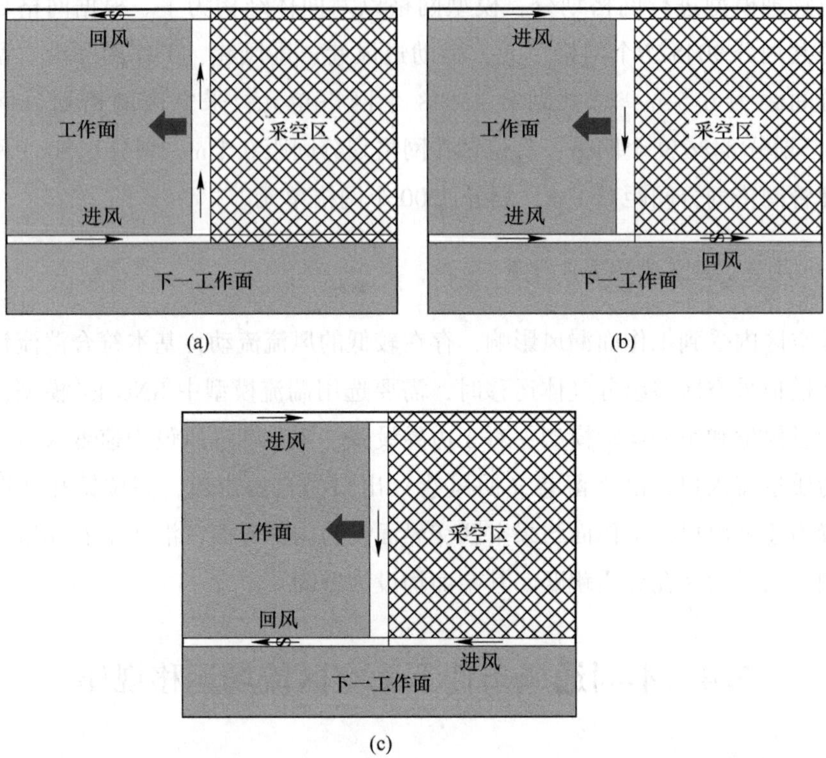

图 5-7　0403-Ⅰ工作面不同通风方式设计

（a）“U”型通风；（b）“Y”型通风；（c）“W”型通风

采空区流场会沿“O”形圈分布运移。采空区垮落带内由自然堆积区-载荷影响区-压实稳定区上覆岩层逐步压实，孔隙率逐渐减小，气体流动逐渐减弱。工作面进风巷配风后，采空区受到工作面漏风影响，导致进风风流漏入到采空区内，主要产生两个方面的影响。一方面，当新鲜风流进入到采空区内，风流会携带大量氧气进入采空区，根据采空区遗煤自燃氧化特性，采空区遗煤逐渐与氧气反应，温度不断升高，随后开始解吸遗煤吸附性气体，如 CO、烷烃等气体。当采空区遗煤氧化温度达到一定值时，采空区遗煤受到高温作用开始裂解，随后产生更多可燃性气体，导致采空区自然发火灾害情况的发生，严重情况下可能造成整个工作面自燃，不仅造成煤炭资源浪费，而且严重威胁井下工作人员的生命安全。另一方面，工作面风流漏入采空区内，导致采空区原有流场运移规律被打破，尤其是在靠近工作面的自燃堆积区和载荷影响区内，采空区孔隙率较大，漏风风流运移通畅，风流会带走遗煤自然解吸附产生的瓦斯，运移至回风巷侧靠近工作面位置处，造成回风巷工作面上隅角处瓦斯积聚，导致上隅角瓦斯超限等安全问题，如果不及时采取有效措施，很可能造成灾害事件的发生。同时，部分漏风风流会携带采空区浅部瓦斯不断向采空区深部的压实区运移，压实区孔隙率较小，而且压实区内的遗煤不断自然解吸瓦斯，多种因素综合造成采空区深部的瓦斯浓度较高。

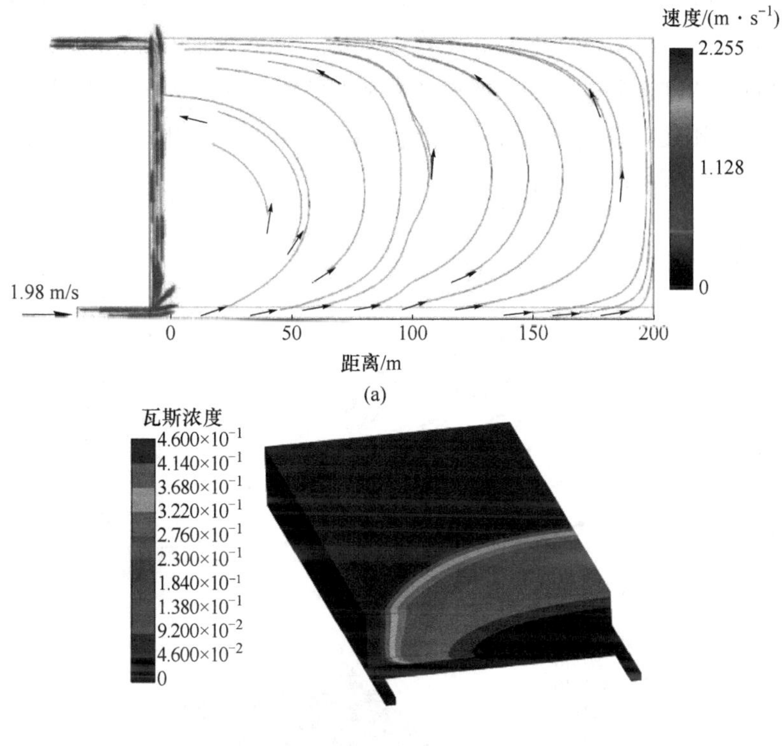

图 5-8 “U”型通风条件下 0403-Ⅰ工作面采空区流场和瓦斯分布

（a）流场分布；（b）瓦斯分布

扫码看彩图

在采空区氧化带范围内，当瓦斯浓度达到 5%～16%，通常认为此区域为瓦斯与火复合灾害区域。采空区内复合区域的划分较为复杂，主要是受到煤自燃氧化带和瓦斯易爆带的双因素影响，相比于采空区单一因素灾害的影响，复合灾害对工作面的安全生产影响更大。为了保证工作面的安全开采，通常采取布置措施孔抽采空区高浓度瓦斯来控制采空区内瓦斯易爆带的范围，同时向采空区注惰性气体控制采空区自燃带的范围，综合采用两方面措施治理采空区瓦斯与火共同影响下的复合灾害危险区域的范围。

图 5-9 是“Y”型通风条件下 0403-Ⅰ工作面采空区流场和瓦斯体积分数分布情况。由图可知，若 0403-Ⅰ工作面采用“Y”型通风时，采空区漏风风流的运移规律发生明显改变。分析漏风风流的运移规律发现采用“Y”型通风可以有效治理“U”型通风造成工作面回风巷上隅角瓦斯积聚现象，可以有效提高工作面安全开采的水平。需要注意的是，工作面采用“Y”型通风时，风流会携带采空区瓦斯向回风巷侧运移，增加了回风巷内瓦斯超限风险。为了防止回风巷内瓦斯浓度超限，必须采取有效措施治理回风巷侧与采空区接触区域（沿空留巷侧）的瓦斯，保证工作面的安全生产。

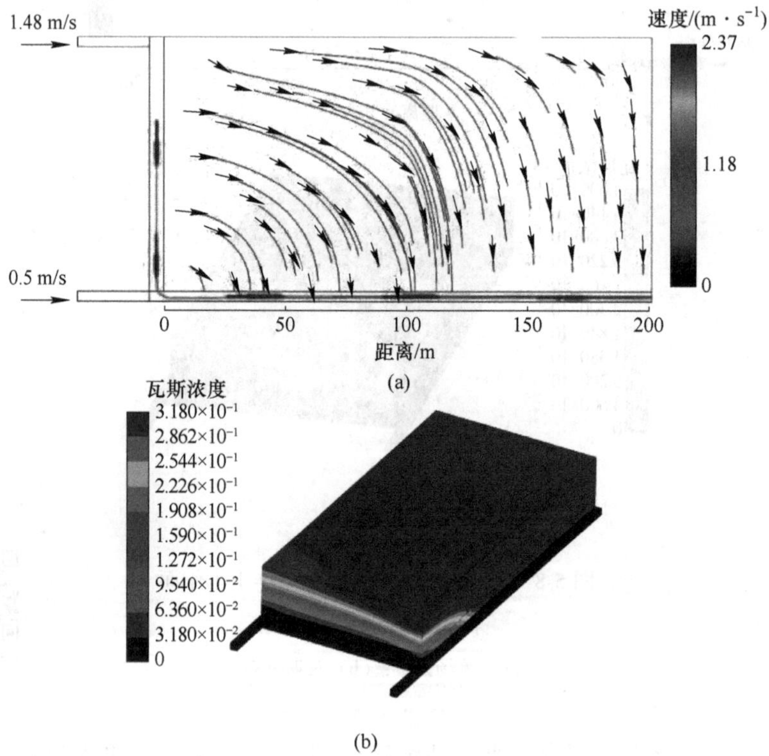

图 5-9　“Y”型通风条件下 0403-Ⅰ工作面采空区流场和瓦斯分布

（a）流场分布；（b）瓦斯分布

扫码看彩图

图 5-10 是“W”型通风条件下 0403-Ⅰ工作面采空区流场和瓦斯体积分数分布情况。由图可知，若 0403-Ⅰ工作面采用“W”型通风时，根据工作面配风情况和采空区内的流场的运移规律发现，辅助进风巷侧进风风流大量进入到采空区内。同时，主进风巷内风流由工作面流进采空区内，两风流流向相对，导致采空区内复杂的流场变化。主进风巷风流流速较大，在主进风巷侧采空区靠近工作面的位置，漏风风流会形成一个漩涡，风流随后向回风巷侧流动。此时，主进风巷侧风流与辅助进风巷侧风流相遇，导致大量携带瓦斯的风流向工作面方向运移，极大增加了工作面瓦斯灾害的风险，不利于工作面的安全开采。

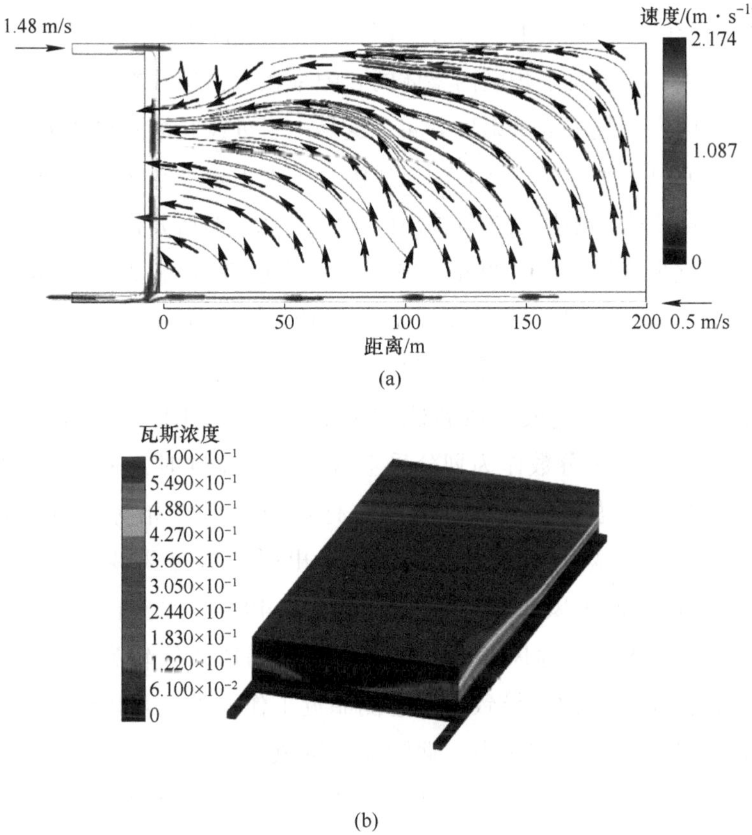

图 5-10 “W”型通风条件下 0403-Ⅰ工作面采空区流场和瓦斯分布

(a) 流场分布；(b) 瓦斯分布

扫码看彩图

5.4.3　采空区自燃带分布规律

根据 5.4.2 节的分析，三种不同类型的通风方式会造成采空区复杂的流场运移规律，导致采空区瓦斯与火治理难题。为了分析三种不同流场下的采空区氧化带宽度的变化范围，采用数值模拟的方法确定采空区自燃带变化规律，方便选出适合 0403-Ⅰ工作面的通风方法。

根据数值模拟的计算结果得到，采空区漏风速度沿工作面倾向分布如图 5-11 所示，“U”“Y”“W”型通风条件下采空区漏风风速和氧气分布情况如图 5-12～图 5-14 所示，采空区 $Z=1$ m 处漏风风速和氧气浓度耦合划分自燃带分布如图 5-15 所示。根据图 5-11～图 5-15 得到，“U”型通风条件下，采空区靠近两侧巷道的漏风风速较大，主要是堆积区内整体的孔隙率较大，导致靠近工作面的漏风风速较大。采空区内氧气浓度呈扇形分布，这是由于进风巷侧漏风风流漏入到采空区内，逐渐向回风巷侧运移，此时漏风风流会带走大量采空区内瓦斯，导致回风巷侧上隅角瓦斯积聚。根据 5.2 节提出的采空区氧化带划分指标，计算得出采空区进风巷侧氧化带范围为 10～70 m，采空区内氧化带的面积为 4954.86 m^2。“Y”型通风条件下，采空区受到进风巷风流的影响，导致工作面风流流进采空区，漏风风流在采空区内运移，风流携带采空区瓦斯逐渐向回风巷道侧运移。采空区内这种风流流动可能造成回风巷侧与采空区接触范围内瓦斯浓度超限。同时，若以单个氧气体积分数作为划分采空区氧化带宽度时，采空区氧化带宽度呈“L”形分布，考虑以漏风风速和氧气体积分数联合指标划分氧化带宽度时，采空区内氧化带宽度明显增加。计算得出采空区进风巷侧氧化带宽度为 3～52 m，采空区辅助进风巷侧氧化带宽度为 9～49 m，采空区内氧化带的面积为 4575.08 m^2。“W”型通风条件下，采空区内漏风曲线较为稳定。进风巷侧风流部分进入到采空区内，导致进风巷侧靠近工作面的区域内形成一个风流漩涡，风流由此处运移到采空区内，遇到辅助进风巷侧的漏风风流，随后风流携带采空区内的瓦斯向工作面方向流动，增加工作面瓦斯超限的风险。在采空区辅助回风巷侧漏风风流携带氧气进入采空区，造成靠近进风巷侧氧气浓度增大。整体上，采空区内氧化带范围不均匀，计算得出采空区内氧化带的面积为 4506.87 m^2。

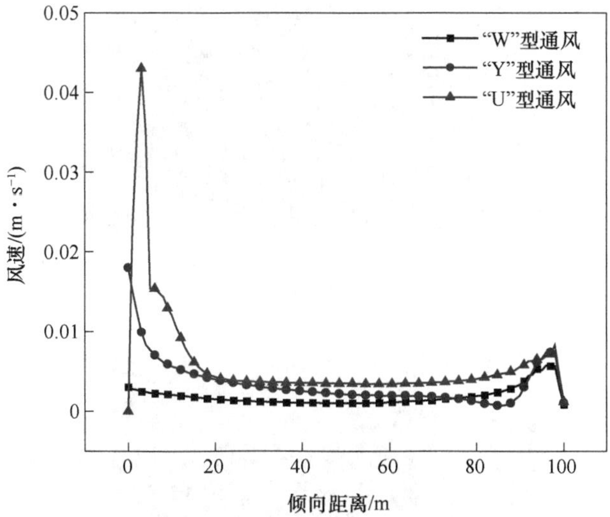

图 5-11 不同通风方式下采空区漏风速度沿倾向分布

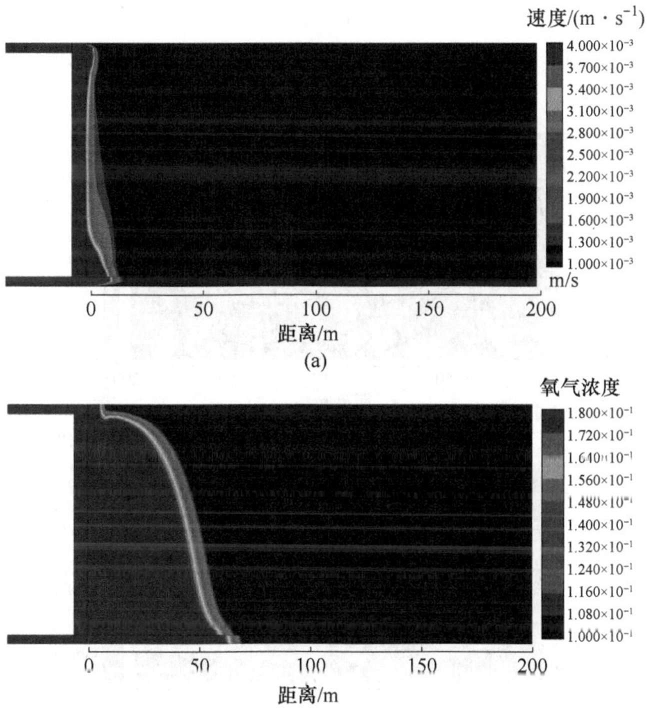

扫码看彩图

图 5-12 “U” 型通风条件下采空区漏风和氧气分布规律

(a) 漏风分布；(b) 氧气分布

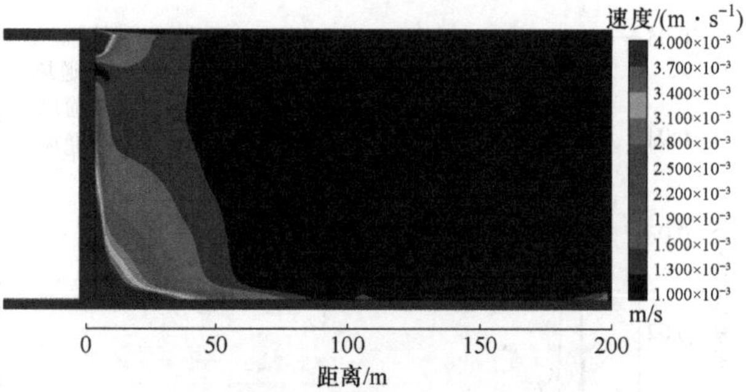

(a)

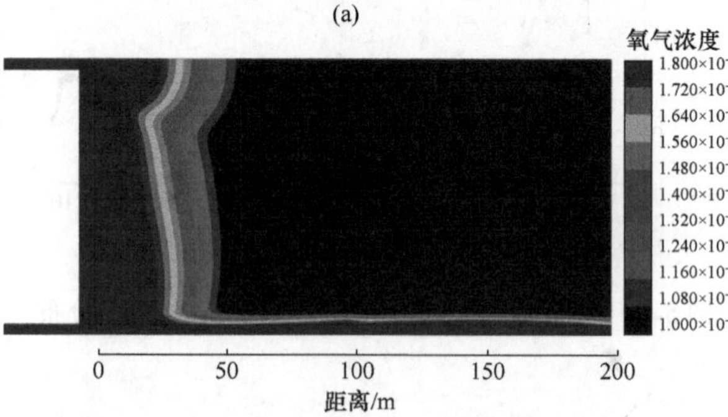

(b)

扫码看彩图

图 5-13　“Y”型通风条件下采空区漏风和氧气分布规律
（a）漏风分布；（b）氧气分布

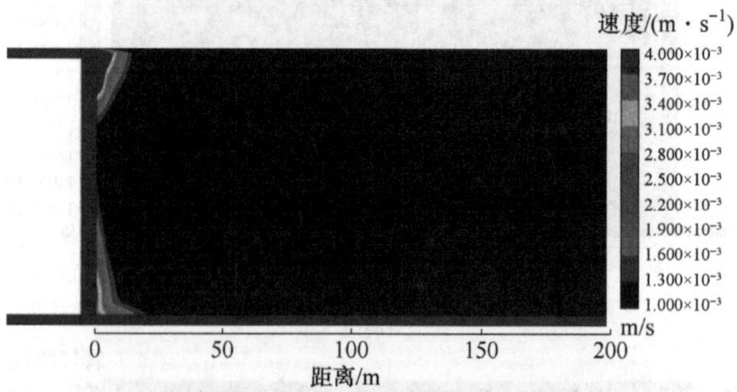

(a)

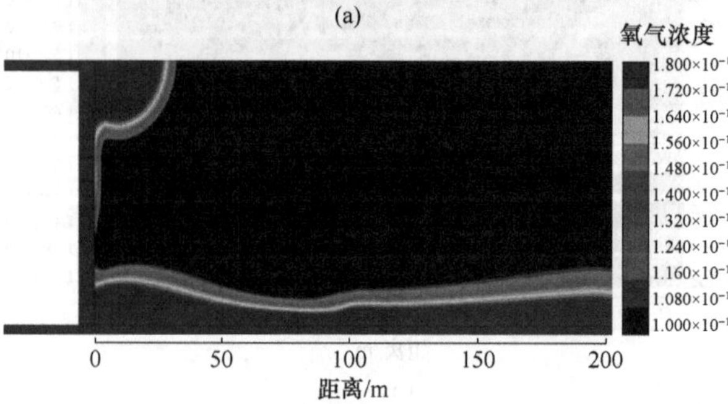

(b)

扫码看彩图

图 5-14　“W”型通风条件下采空区漏风和氧气分布规律
（a）漏风分布；（b）氧气分布

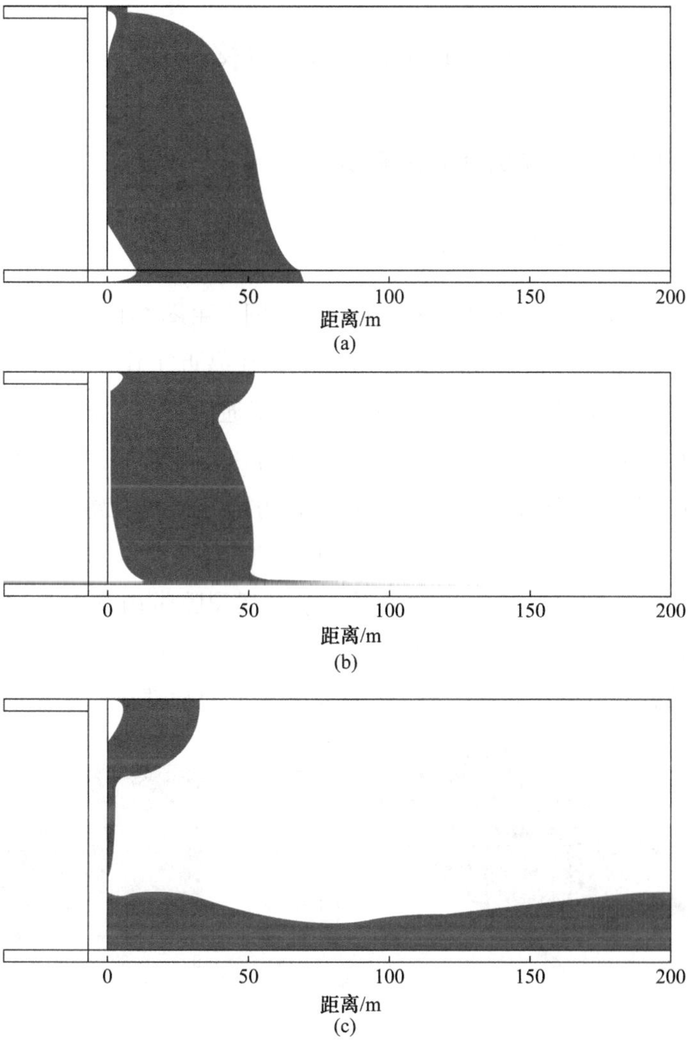

图 5-15 不同通风方式下采空区 $Z=1$ m 处自燃带分布

（a）“U”型通风；（b）“Y”型通风；（c）“W”型通风

根据上述分析，0403-Ⅰ工作面采用“U”型通风时，存在工作面回风侧上隅角瓦斯超限风险，氧化带宽度也最大；采用“Y”型通风时，可以较好解决“U”型通风所产生的上隅角瓦斯积聚现象，计算得到的氧化带宽度也较大；利用“W”型通风时，可能导致工作面瓦斯超限的风险，计算得到的氧化带宽度范围和“Y”型通风相差不大。综合分析得到，“Y”型通风方式更适用于0403-Ⅰ综采工作面。

5.5　采空区流场运移模拟

5.5.1　无抽采条件下采空区流场运移规律

5.5.1.1　采空区瓦斯浓度分布规律

图 5-16 为无抽采条件下采空区瓦斯分布云图。由图 5-16（a）可知，采空区裂隙带壁面上，瓦斯分布呈现“上浮”现象。在靠近工作面范围内，进风巷侧和沿空留巷侧瓦斯体积分数较小，采用“Y”型通风方式，工作面切顶线附近，基本不存在瓦斯浓度，分析得出“Y”型通风可以有效解决“U”型通风工作面回风流上隅角处瓦斯积聚现象。在采空区立体方向上，随着高度增加，瓦斯浓度逐渐变大。这是由于采空区内风流流动较小，尤其是采空区内裂隙带受风流影响更小，采空区内瓦斯流动的雷诺数较低，采空区裂隙带内基本为层流流动。同时，瓦斯受到重力作用，出现了“上浮”现象。由于工作面漏风原因，采空区内部瓦斯会随着漏风风流被携带至采空区深部，导致深部瓦斯浓度较高。

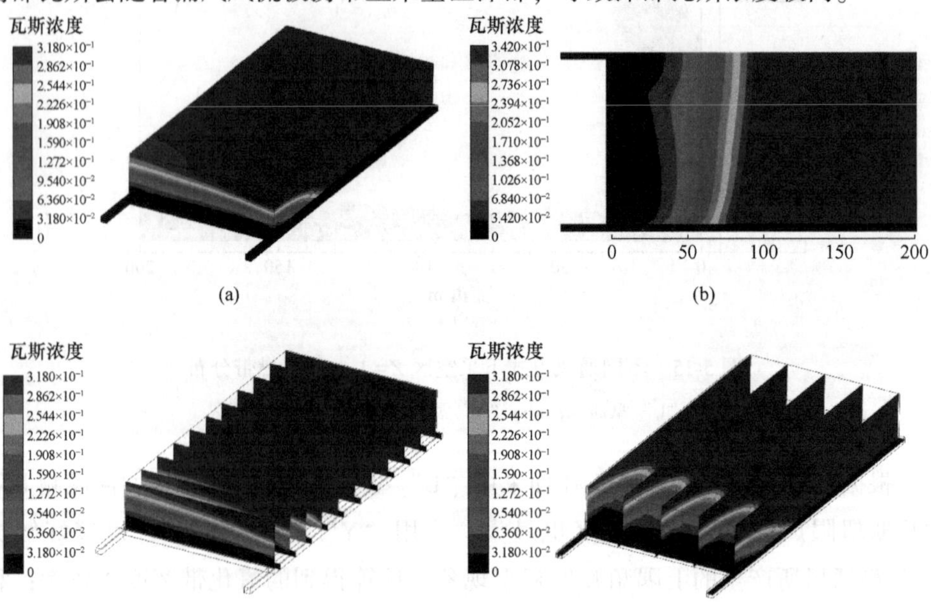

图 5-16　无抽采条件下采空区瓦斯分布云图

（a）瓦斯分布立体云图；（b）$Z=1$ m 瓦斯分布云图；

（c）瓦斯倾向分布云图；（d）瓦斯走向分布云图

扫码看彩图

由图 5-16（b）可知，在采空区底板附近水平方向上，距离工作面越远，瓦斯浓度逐渐变大。这是由于采空区浅部瓦斯被漏风风流稀释，并随风流运移至沿空留巷侧，最终随着回风巷流出而无法在采空区浅部聚集。同时，进风巷侧漏风风流也携带部分浅部瓦斯运移到采空区深部，采空区深部遗煤自然解吸出大量瓦斯，造成深部瓦斯浓度较大。采空区进风巷侧深部瓦斯浓度略低于沿空留巷侧，主要是进风巷侧风速较大，导致靠近工作面采空区漏风风流较大，造成采空区进风巷侧瓦斯浓度低于沿空留巷侧。

5.5.1.2 采空区氧气浓度分布规律

图 5-17 为无抽采条件下采空区氧气分布云图。由图 5-17（a）、（c）和（d）可知，在采空区竖直方向上，氧气浓度随着采空区高度增加逐渐降低，进入到氧化带的高度逐渐变大。这主要是因为氧气的密度比空气大，受到重力影响，氧气

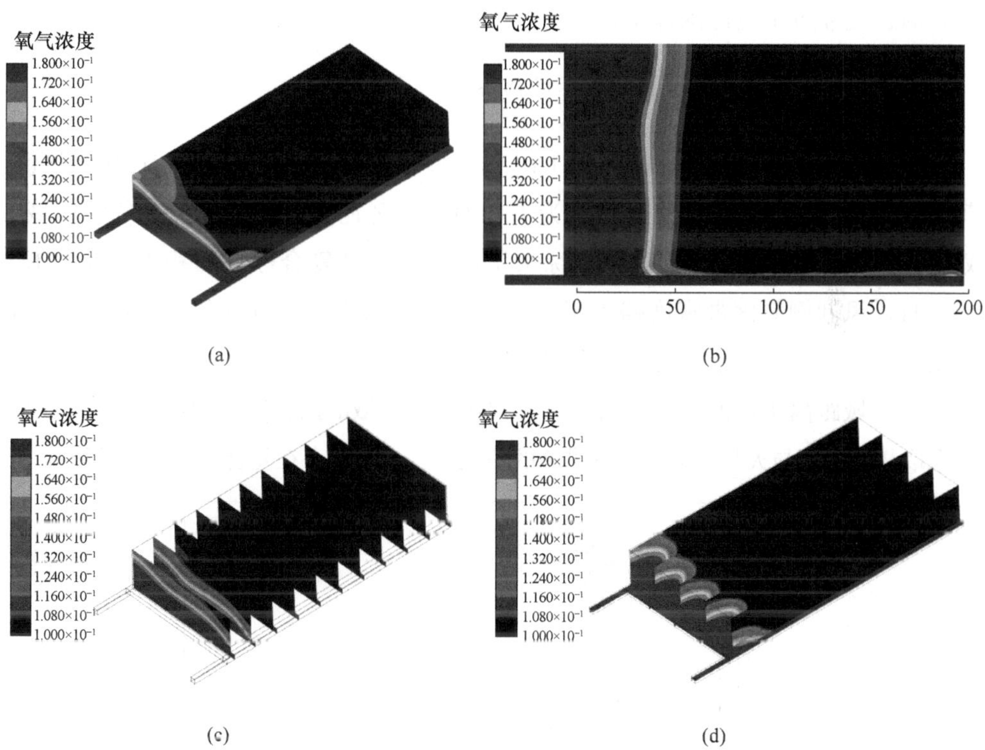

图 5-17 无抽采条件下采空区氧气分布云图

（a）氧气分布立体云图；（b）$Z=1$ m 氧气分布云图；（c）氧气倾向分布云图；（d）氧气走向分布云图

扫码看彩图

会向底板聚集，导致采空区下部氧气浓度较高。在采空区水平方向上，由进风巷侧至沿空留巷侧的氧气浓度降低的速度加快。主要是采空区受到工作面漏风风流的影响，进风巷侧整体漏风风流大于沿空留巷侧，风流携带氧气在采空区内部运移，导致沿空留巷侧的氧化带较小。

由图 5-17（b）可知，分析采空区氧化带分布规律，发现进风巷侧氧化带比沿空留巷侧更接近采空区深部。主要是进风巷的风速较大，进风巷侧工作面采空区漏风风流较大。随着时间的推移，漏风风流逐渐运移至沿空留巷侧，进风巷侧的氧化带也逐渐向沿空留巷侧移动，最终形成采空区完整的自燃“三带”分布规律。研究表明，采用“Y”型通风时，主进风巷的风速较大，导致较多的漏风风流进入采空区。特别是在主进风巷离工作面较近的区域，漏风风流会形成一个风流漩涡在采空区内流动。随后，这些风流会沿着采空区离层裂隙运移，最终进入回风巷，随回风流流出工作面。这一结论表明，在采空区内主进风巷侧测量氧化带时，更靠近采空区深部位置。

5.5.1.3　采空区复合灾害危险区域分析

根据数值模拟结果，在采空区 1 m 高处的平面上划分出氧化带和可爆带区间等值线图，划分区域的交集区域即为工作面采空区瓦斯与火耦合灾害危险区域，划分结果如图 5-18 所示。0403-Ⅰ综采工作面采空区复合区域面积大致呈“L”形，且进风巷侧氧化带宽度略大于沿空留巷侧，利用后处理软件 CFD-Post 做切片处理，得出采空区进风巷侧复合灾害区域距离工作面 46~68 m，沿空留巷侧复合灾害区域距离工作面 32~51 m，计算得出危险区域的面积约为 2145.24 m^2。在没有采取相关瓦斯与火复合灾害治理措施的情况下，工作面存在复合灾害致灾的风险。

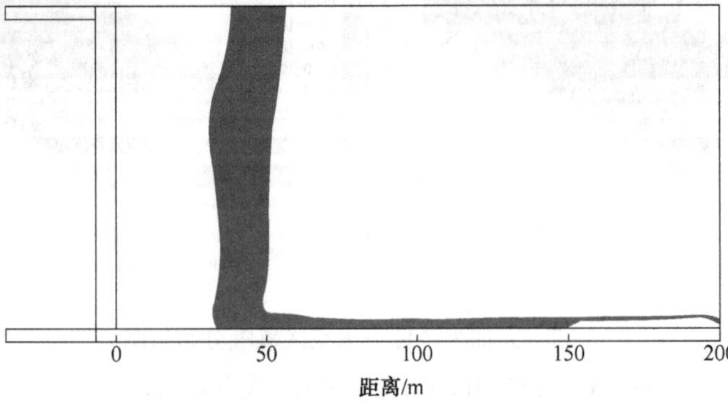

图 5-18　无抽采条件下采空区复合灾害区域分布云图

5.5.2 “埋管+高位钻孔”抽采条件下采空区流场运移规律

5.5.2.1 采空区瓦斯浓度分布规律

图 5-19 为抽采条件下采空区瓦斯分布云图。由图 5-19（a）可知，在采空区竖直方向上，瓦斯浓度随着高度增加逐渐变大，可以发现抽采条件下瓦斯浓度明显低于无抽采条件下的瓦斯浓度，主要是因为抽采作用下，采空区裂隙带内的瓦斯受到抽采负压影响，逐渐被抽出采空区，导致采空区裂隙带瓦斯浓度明显降低。由图 5-19（b）可知，在采空区水平方向上，沿空留巷侧瓦斯浓度低于进风巷侧，这表明埋管治理沿空留巷侧瓦斯起到了较好效果，可以有效预防沿空留巷内瓦斯浓度超限。在抽采作用的影响下，回采工作面切顶线附近基本不存在瓦斯聚集现象。根据图 5-19（c）和（d）的结果，高位钻孔孔口由于负压作用，会出现瓦斯向钻孔附近运移的现象，导致采空区深部瓦斯向抽采钻孔处聚集，采空区高浓度瓦斯会向工作面方向运移，随着钻孔不断抽采，靠近工作面的瓦斯浓度逐渐降低。

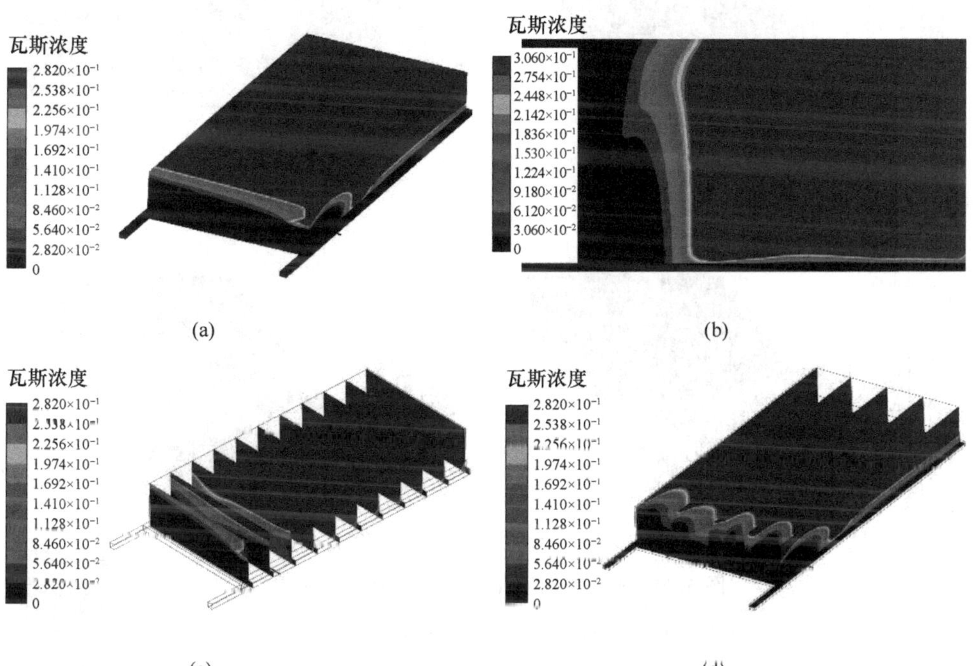

图 5-19 抽采条件下采空区瓦斯分布云图

（a）瓦斯分布立体云图；（b）$Z=1$ m 瓦斯分布云图；（c）瓦斯倾向分布云图；（d）瓦斯走向分布云图

扫码看彩图

5.5.2.2　采空区氧气浓度分布规律

图 5-20 为抽采条件下采空区氧气分布云图。由图 5-20（a）、（c）和（d）可知，在采空区竖直方向上，随着高度的增加，氧气浓度逐渐降低。主要是因为采空区内氧气受到重力作用和遗煤氧化作用，导致采空区立体方向上氧气浓度分布不一致。在水平方向上，进风巷侧氧气浓度超前于沿空留巷侧，主要是因为水平方向上的氧气流动受到钻孔抽采作用的影响。从云图发现高位钻孔附近存在氧气空白带，主要是抽采负压作用，导致采空区较浅部的氧气运移至钻孔附近，并顺着钻孔流出采空区。这种氧气运移和流出的过程导致采空区立体方向上氧化带分布不均匀，出现了氧气空白带。在采空区靠近沿空留巷侧的范围内氧化带更加接近工作面。主要是因为钻孔负压会影响采空区内氧气的流动规律，导致靠近钻孔区域内氧化带更加接近工作面。

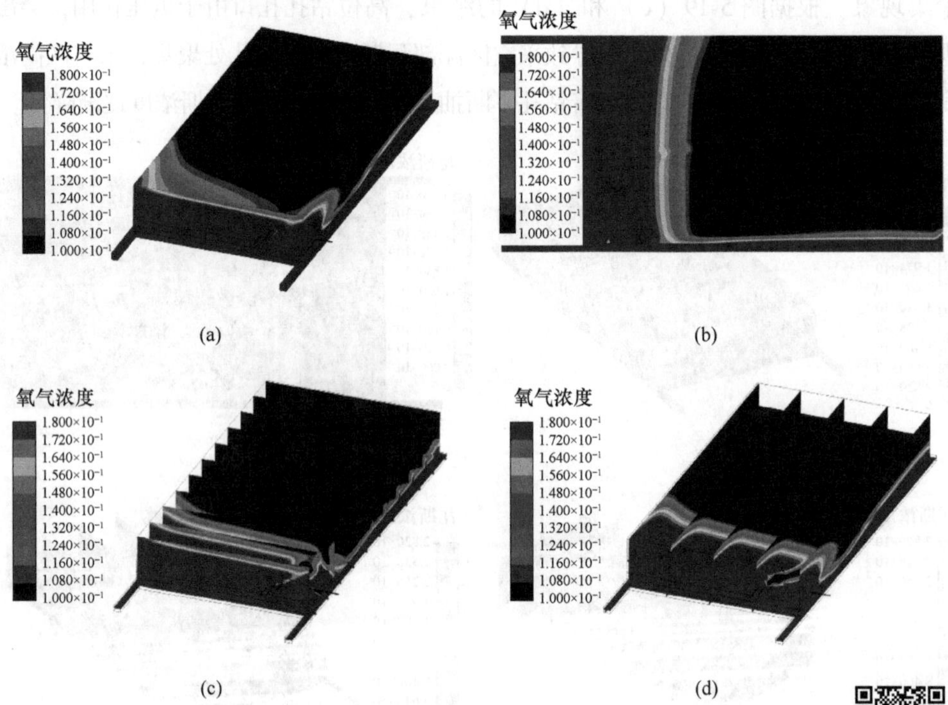

图 5-20　抽采条件下采空区氧气分布云图

（a）氧气分布立体云图；（b）$Z=1$ m 氧气分布云图；

（c）氧气倾向分布云图；（d）氧气走向分布云图

扫码看彩图

由图 5-20（b）可知，进风巷侧的氧化带比沿空留巷侧更靠近采空区深部。沿空留巷侧的氧化带宽度逐渐减少，主要是由于钻孔抽采作用导致沿空留巷侧的氧气浓度更靠近工作面，而且进风巷的风速较大，导致工作面采空区内的漏风风流较大，造成进风巷侧的氧化带比沿空留巷侧氧化带更靠近切眼位置。随着时间的推移，漏风风流携带氧气由进风巷侧运移至沿空留巷侧，导致进风巷侧的氧化带逐渐向沿空留巷侧移动，逐渐在采空区形成完整的自燃“三带”分布规律。

5.5.2.3 采空区复合灾害危险区域分析

根据数值模拟结果，在采空区 1 m 高处的平面上划分出抽采条件下氧化带和可爆带区间等值线图，划分区域的交集区域即为工作面采空区瓦斯与火耦合灾害危险区域，如图 5-21 所示。抽采条件下，0403-Ⅰ综采工作面采空区复合灾害区域呈现为“L”形。经过后处理分析，得出采空区进风巷侧复合灾害区域距离工作面 51~69 m，沿空留巷侧复合灾害区域距离工作面 45~62 m，计算复合灾害危险区域的面积约为 1879.21 m^2，发现抽采条件下复合危险区域的面积明显变小。综合分析发现，在采空区布置“埋管+高位钻孔”可以有效预防瓦斯与火复合灾害事故的发生。

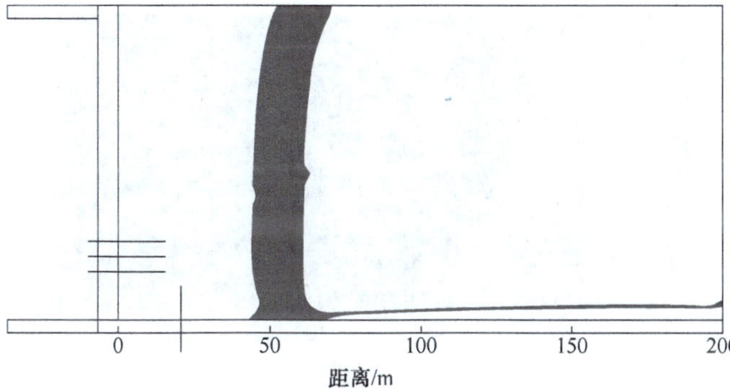

图 5-21 抽采条件下采空区复合灾害区域分布云图

5.5.3 瓦斯与火共治条件下采空区自燃“三带”分布规律

通过对采空区流场分布的讨论，得出在采空区布置“埋管+高位钻孔”抽采采空区高浓度瓦斯，可以减弱瓦斯与火复合灾害的影响。为了进一步研究治理采空区瓦斯与火复合灾害的有效措施，计划讨论不同配风量、抽采量、注氮量对采空区氧化带分布的影响，优化采空区瓦斯与火共治的相关参数。

5.5.3.1 配风量对自燃“三带”分布规律的影响

为了研究朱家店煤矿 0403-Ⅰ工作面中不同配风量对采空区自燃“三带”范

围的影响，需要分析采空区漏风风流和氧气浓度。通过比较不同配风量下漏风风速和氧气浓度的变化规律，分析配风量对采空区自燃“三带”范围的影响。设计工作面配风量分别为 1200 m³/min、1500 m³/min、1800 m³/min、2100 m³/min 进行模拟。模拟方案见表 5-6。

表 5-6　模拟参数

方案	配风量 /($m^3 \cdot min^{-1}$)	进风巷配风量 /($m^3 \cdot min^{-1}$)	辅助进风巷配风量 /($m^3 \cdot min^{-1}$)	系数	进风巷风速 /($m \cdot s^{-1}$)	辅助进风巷风速 /($m \cdot s^{-1}$)
1	1200	880	320	0.8	1.18	0.4
2	1500	1100	400	1	1.48	0.5
3	1800	1320	480	1.2	1.78	0.6
4	2100	1540	560	1.4	2.07	0.7

采空区内漏风风速和氧气浓度分布模拟结果如图 5-22～图 5-25 所示。

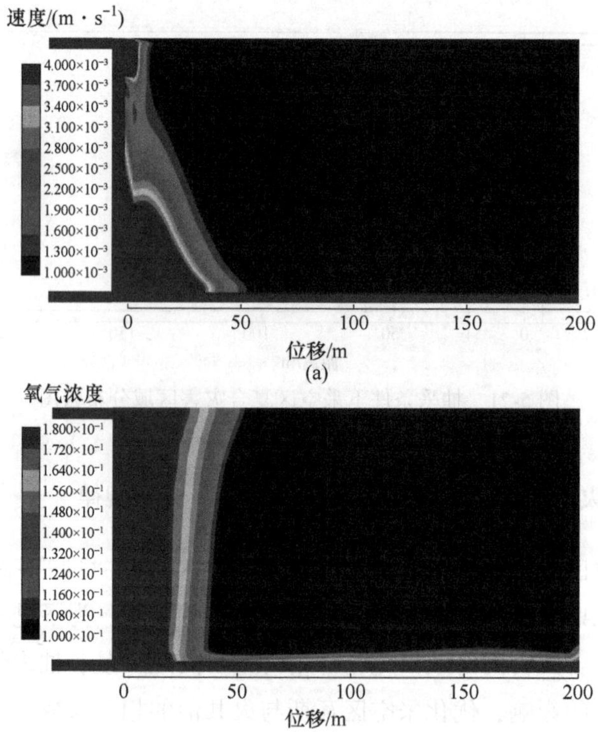

扫码看彩图

图 5-22　配风量 1200 m³/min 时漏风和氧气分布规律

（a）漏风风速分布；（b）氧气分布

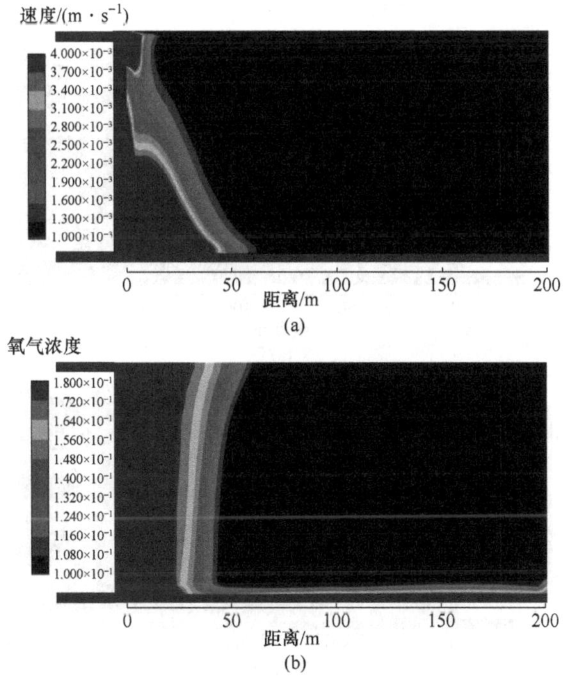

扫码看彩图

图 5-23 配风量 1500 m^3/min 时漏风和氧气分布规律
（a）漏风风速分布；（b）氧气分布

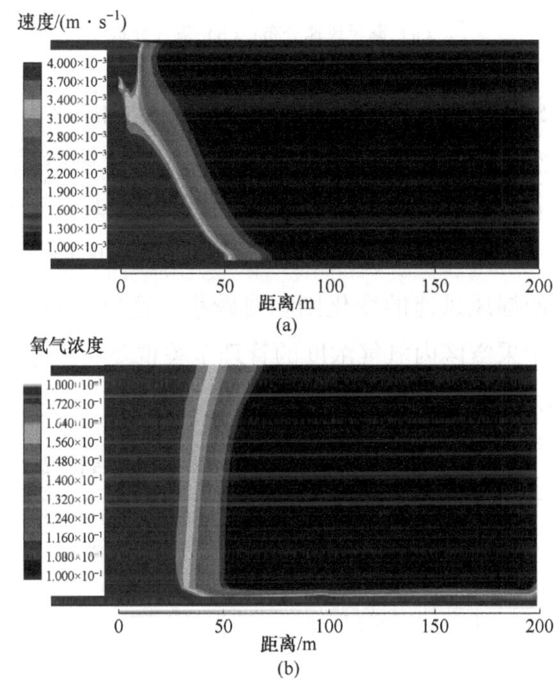

扫码看彩图

图 5-24 配风量 1800 m^3/min 时漏风和氧气分布规律
（a）漏风风速分布；（b）氧气分布

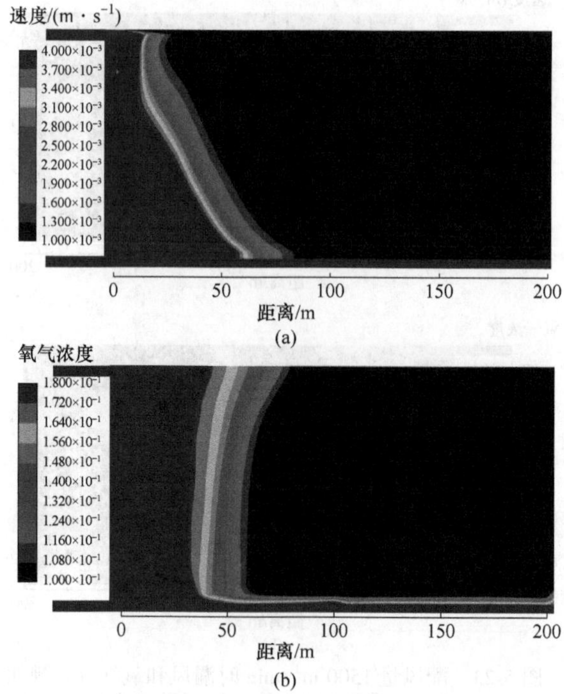

扫码看彩图

图 5-25　配风量 2100 m³/min 时漏风和氧气分布规律

（a）漏风风速分布；（b）氧气分布

由图 5-22～图 5-25 可知，在工作面主、辅进风巷配风比不变的情况下，随着配风量的增加，采空区高度为 1 m 平面上 0.004 m/s 上限漏风风速的变化不大。但是，氧气已经随着漏风风流进入采空区。同时，可以观察到 10%下限氧气体积分数曲线不断向采空区深部移动。这说明随着配风量的增加，采空区内氧气含量的变化更加显著，而漏风风速的变化则相对较小。这也说明在控制漏风的同时，合理调整配风量对于采空区内氧气浓度的管理至关重要。通过耦合划分，采空区氧化带宽度如表 5-7 所示。

表 5-7　不同配风量条件下氧化带宽度耦合情况

风量/(m³ · min⁻¹)	位置	0.004 m/s 上限漏风风速起始位置/m	10%下限氧体积分数终止位置/m	氧化带最大宽度划分/m	
1200	进风巷侧	2	50	48	48
	沿空留巷侧	32	39	9	
1500	进风巷侧	8	58	50	50
	沿空留巷侧	43	46	3	

续表 5-7

风量/($m^3 \cdot min^{-1}$)	位置	0.004 m/s 上限漏风风速起始位置/m	10%下限氧体积分数终止位置/m	氧化带最大宽度划分/m	
1800	进风巷侧	10	70	60	59
	沿空留巷侧	51	54	3	
2100	进风巷侧	12	79	67	67
	沿空留巷侧	58	60	2	

由表 5-7 可知，耦合划分出的氧化带宽度与工作面配风量呈正相关关系，随着配风量的增加，氧化带宽度也变得更大。因此，在符合工作面设计配风量的条件下，可以通过控制配风量大小来降低采空区的自燃风险。

5.5.3.2 抽采量对自燃“三带”分布规律的影响

为了研究朱家店煤矿 0403-Ⅰ工作面采空区瓦斯抽采量对自燃“三带”范围的影响，在 5.5.3.1 节模拟方案的基础上，确定工作面配风量为 1200 m^3/min。根据实际工程得到 0403-Ⅰ工作面邻近工作面采空区瓦斯抽采量 102.86 m^3/min，确定高位钻孔抽采量模拟参数为 100 m^3/min。设计采空区抽采量分别为 80 m^3/min、100 m^3/min、120 m^3/min、140 m^3/min 进行模拟。模拟方案如表 5-8 所示。

表 5-8 模拟参数表

方案	高位钻孔抽采量/($m^3 \cdot min^{-1}$)	系数	流速/($m \cdot s^{-1}$)
1	80	0.8	0.14
2	100	1	0.18
3	120	1.2	0.22
4	140	1.4	0.25

由模拟结果得到了采空区内漏风风速和氧气浓度分布切片云图，云图中第一组数据取自 5.5.3.1 节。采空区内漏风风速和氧气浓度分布结果如图 5-26~图 5-30 所示。

不同抽采量条件下氧化带宽度耦合情况见表 5-9。对采空区氧化带宽度进行二次项拟合，得到式（5-14）。由氧化带宽度与抽采量的拟合划分结果（图 5-31）可知，当抽采量 $Q_1=80$ m^3/min 时，抛物线存在极大值，即氧化带最大宽度为 55 m。根据拟合抛物线走势分析，随着抽采量不断增加，采空区氧化带宽度先增大后逐渐减小。

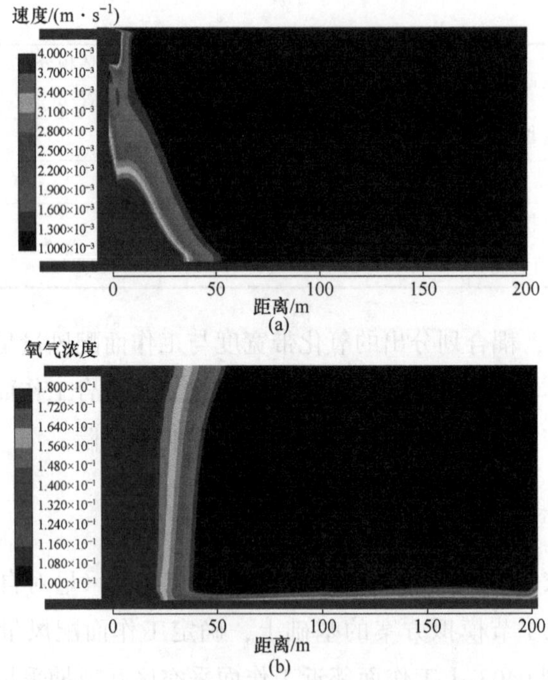

扫码看彩图

图 5-26　抽采量 0 m^3/min 时漏风和氧气分布规律
（a）漏风风速分布；（b）氧气分布

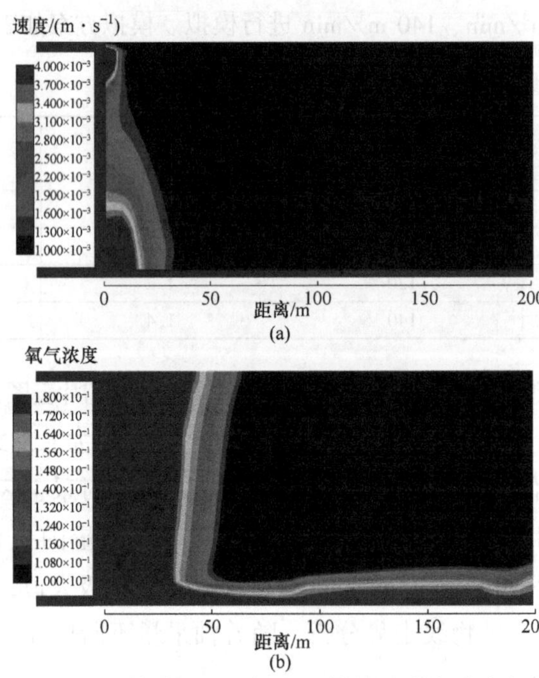

扫码看彩图

图 5-27　抽采量 80 m^3/min 时漏风和氧气分布规律
（a）漏风风速分布；（b）氧气分布

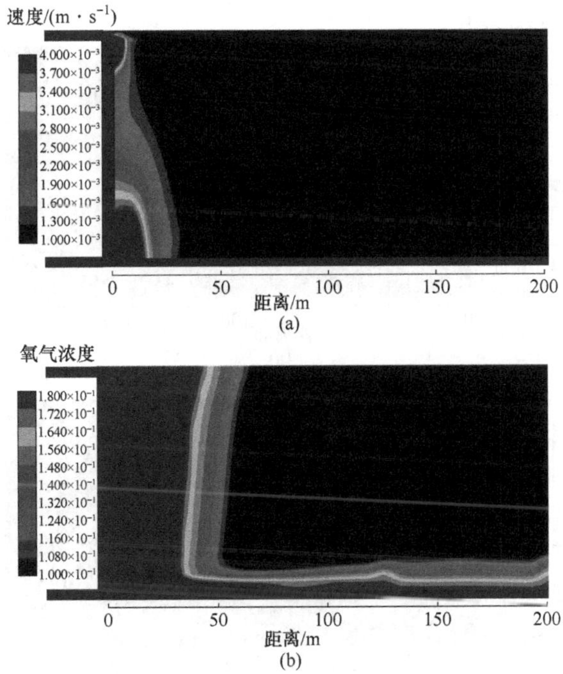

扫码看彩图

图 5-28 抽采量 100 m^3/min 时漏风和氧气分布规律
（a）漏风风速分布；（b）氧气分布

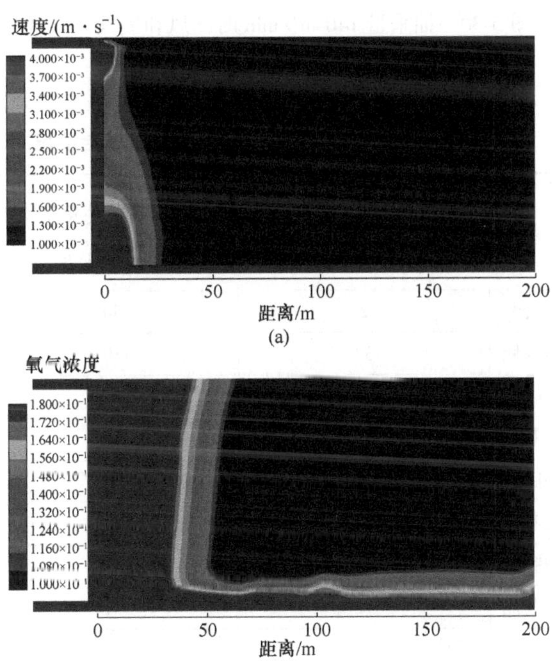

扫码看彩图

图 5-29 抽采量 120 m^3/min 时漏风和氧气分布规律
（a）漏风风速分布；（b）氧气分布

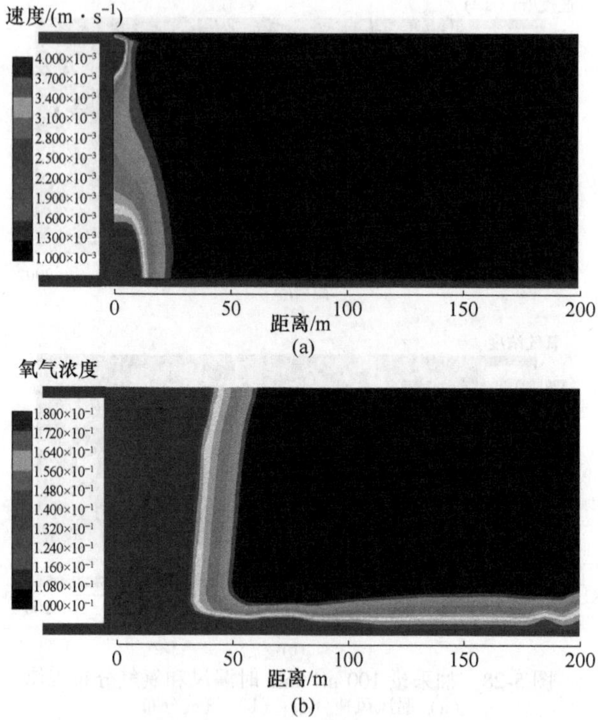

扫码看彩图

图 5-30　抽采量 140 m^3/min 时漏风和氧气分布规律

（a）漏风风速分布；（b）氧气分布

表 5-9　不同抽采量条件下氧化带宽度耦合情况

抽采量 /($m^3 \cdot min^{-1}$)	位置	0.004 m/s 上限漏风风速起始位置/m	10%下限氧体积分数终止位置/m	氧化带最大宽度划分/m	
0	进风巷侧	2	50	48	48
	沿空留巷侧	32	39	7	
80	进风巷侧	5	64	59	59
	沿空留巷侧	13	56	43	
100	进风巷侧	6	62	56	56
	沿空留巷侧	14	54	40	
120	进风巷侧	6	61	55	55
	沿空留巷侧	12	51	39	
140	进风巷侧	7	60	53	53
	沿空留巷侧	19	49	30	

$$L_{max} = -0.0015Q_1^2 + 0.2404Q_1 + 48.117 \tag{5-14}$$

式中 L_{max}——氧化带宽度，m；

Q_1——抽采量，m^3/min。

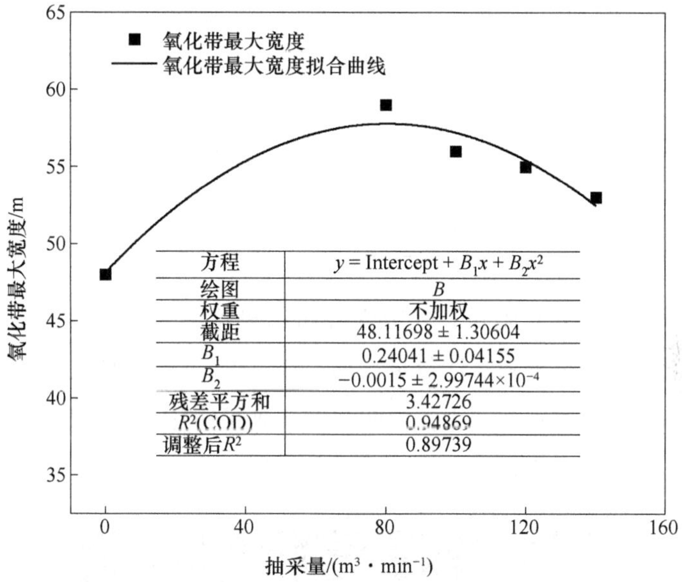

图 5-31 氧化带宽度与抽采量拟合划分结果

如果仅以采空区漏风风速作为划分采空区三带的指标，采空区氧化带在不断扩大；仅以氧气体积分数作为划分采空区三带的指标，采空区氧化带先增大后减小。以单一指标划分氧化带得到完全不同的结果，增加了采空区氧化带的扰动。在三维几何建模条件下，受到漏风风流和瓦斯抽采的作用，采空区氧化带应该呈现立体分布，在采空区浮煤的影响下，遗煤自燃区域也是“体”的概念。讨论采空区氧化带立体分布计算较难，本书主要以平面为对象讨论采空区“三带”分布。

5.5.3.3 注氮量对自燃“三带”分布规律的影响

为了研究朱家店煤矿 0403-Ⅰ工作面采空区注氮量对自燃“三带”范围的影响，在 5.5.3.2 节模拟方案的基础上，取工作面配风量为 1200 m^3/min、抽采量为 100 m^3/min。在数值模拟中，设计在采空区进风巷侧注氮，注氮深入采空区 45 m。根据实际工程情况确定埋管注氮模拟参数为 800 m^3/h。设计采空区注氮量分别为 640 m³/h、800 m³/h、960 m³/h、1120 m³/h 进行模拟。模拟方案如表 5-10 所示。

表 5-10　模拟参数表

方案	注氮量/(m³ · h⁻¹)	系数	质量流量/(m · s⁻¹)
1	640	0.8	0.22
2	800	1	0.27
3	960	1.2	0.32
4	1120	1.4	0.39

采空区注氮条件下漏风和氧气浓度分布结果见图 5-32～图 5-36。由图可知，注氮口位置附近氧气浓度随着注氮量增加逐渐降低，注氮口附近出现了一个圆形区域，区域内漏风风速不断变大，说明注氮起到了惰化采空区氧气的作用，采空区内氧化带范围逐渐减小。

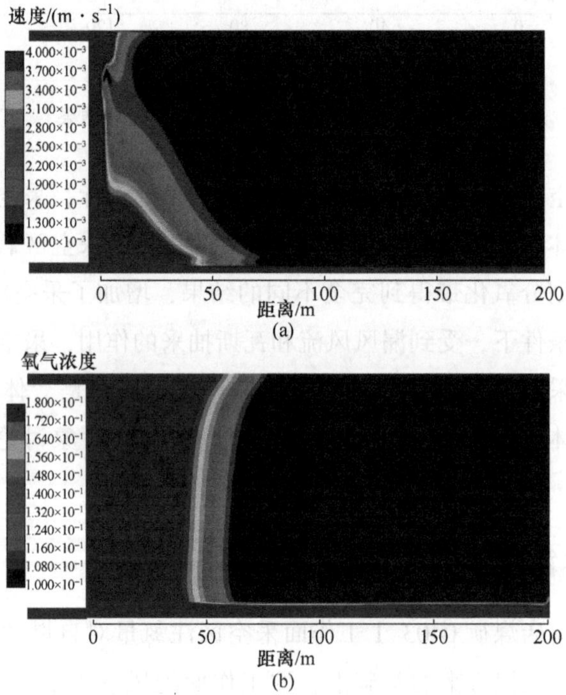

扫码看彩图

图 5-32　注氮量 0 m³/h 时漏风和氧气分布规律

(a) 漏风风速分布；(b) 氧气分布

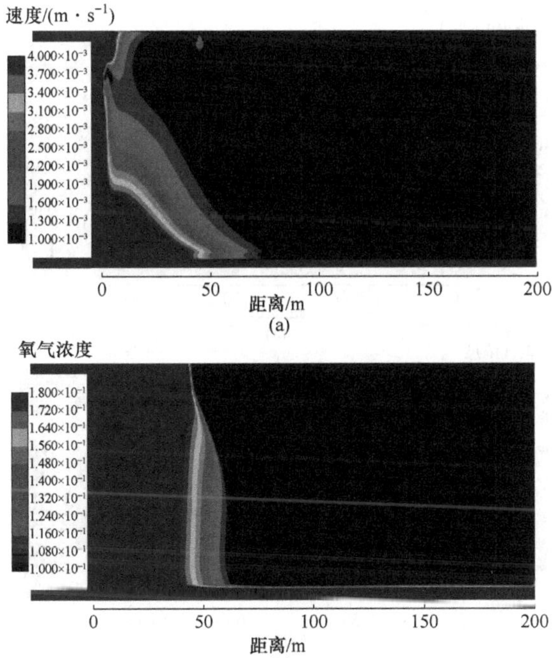

扫码看彩图

图 5-33 注氮量 640 m^3/h 时漏风和氧气分布规律
(a) 漏风风速分布；(b) 氧气分布

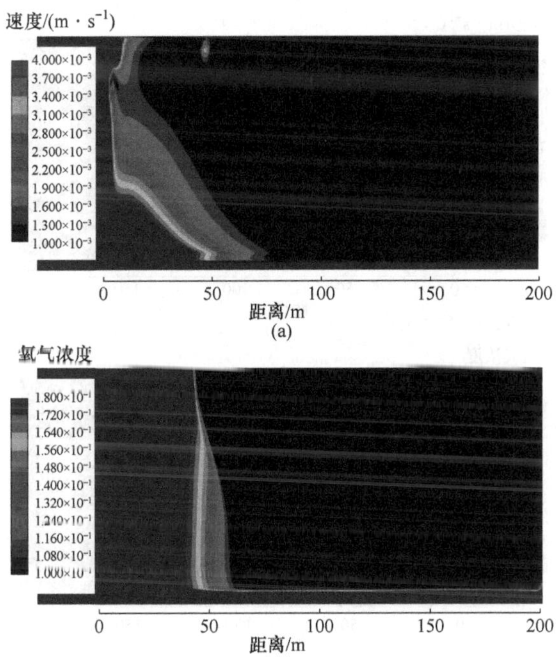

扫码看彩图

图 5-34 注氮量 800 m^3/h 时漏风和氧气分布规律
(a) 漏风风速分布；(b) 氧气分布

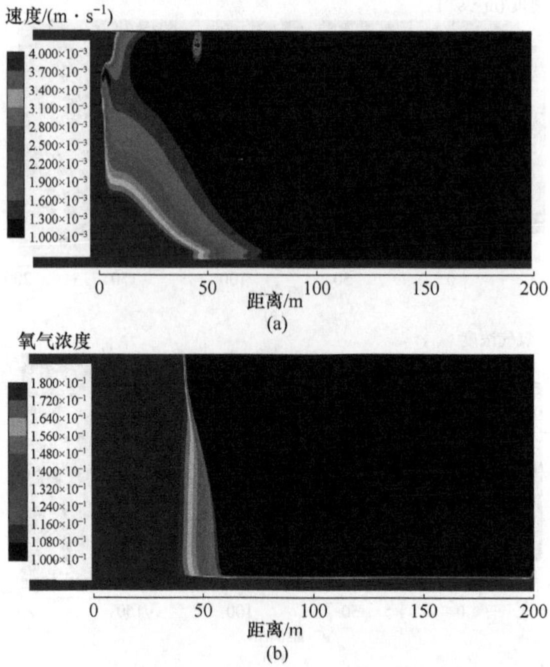

扫码看彩图

图 5-35　注氮量 960 m^3/h 时漏风和氧气分布规律

（a）漏风风速分布；（b）氧气分布

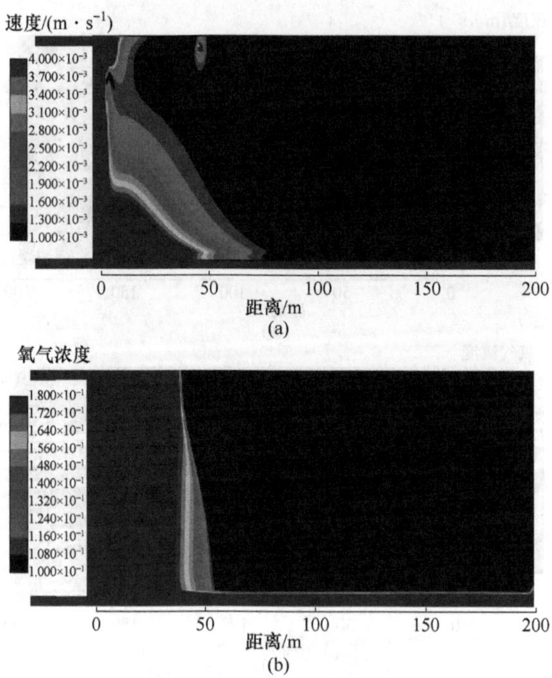

扫码看彩图

图 5-36　注氮量 1120 m^3/h 时漏风和氧气分布规律

（a）漏风风速分布；（b）氧气分布

随着注氮量的增加，0.004 m/s 上限漏风风速曲线的变化趋势较弱。漏风风流在持续向着采空区深部运移，导致采空区内氧气浓度不断增加。随着采空区注氮量不断变大，10%下限氧气浓度分布变化很大。通过观察得出氧化带的变化范围为 45~66 m，并且氧化带的最大宽度会随着注氮量的增加而变化。不同注氮量时氧化带最大宽度耦合划分结果如表 5-11 所示。氧化带宽度与注氮量的拟合关系式如图 5-37 所示，其拟合式如式（5-15）所示：

$$L_{max} = 0.00002Q_3^2 - 0.04563Q_3 + 71.9 \tag{5-15}$$

式中 L_{max}——氧化带大宽度，m；

Q_3——注氮量，m^3/h。

表 5-11 不同注氮量时氧化带最大宽度耦合划分

注氮量 /($m^3 \cdot h^{-1}$)	位置	0.004 m/s 上限漏风风速起始位置/m	10%下限氧体积分数终止位置/m	氧化带最大宽度划分/m	
0	进风巷侧	8	74	66	66
	沿空留巷侧	42	61	19	
640	进风巷侧	9	43	34	51
	沿空留巷侧	42	60	18	
800	进风巷侧	10	41	31	47
	沿空留巷侧	45	57	12	
960	进风巷侧	9	40	31	47
	沿空留巷侧	46	56	10	
1120	进风巷侧	9	39	30	45
	沿空留巷侧	48	54	6	

通过分析氧化带最大宽度与注氮量的关系，得到注氮量与氧化带宽度近似二次抛物线函数关系，拟合效果较好。由图 5-37 可知，当注氮量不断加大，氧化带最大宽度变化越来越小。根据研究表明，随着注氮量的增加，可能存在一个氧化带最大宽度的极小值。这表示随着采空区注氮量增大，防灭火的效果提高不明显。

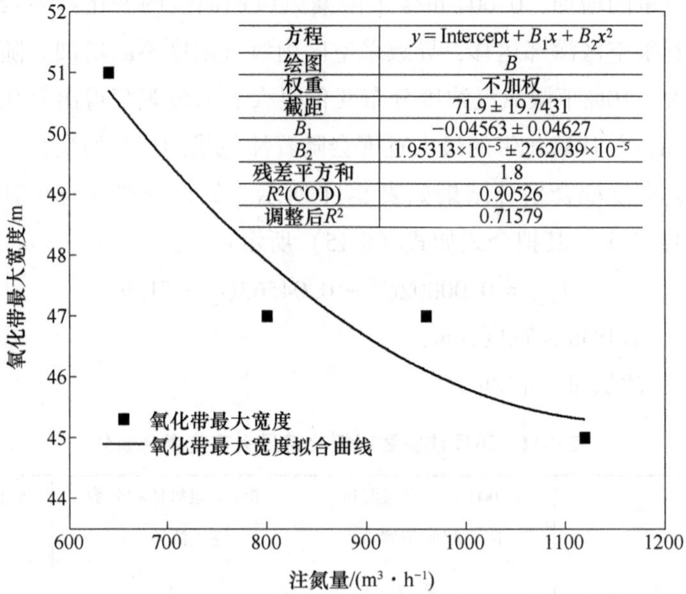

图 5-37　氧化带最大宽度与注氮量拟合结果

经过上述分析，在三维立体条件下，采空区中多组分流体分布状态更加复杂，不同因素对采空区气体运移的影响更加明显。因此，为了确定瓦斯与火复合灾害协同防治最优参数，研究采空区多因素、多水平的实验设计方案问题就显得尤为重要。

6 综采面采空区瓦斯与火共治的最优参数

6.1 瓦斯与火共治最优参数

6.1.1 瓦斯与火共治最优参数描述

确保采空区最优瓦斯抽采量，同时防止采空区发生遗煤自燃，是采空区瓦斯与火共治中非常关键的问题。确定两者之间的最优参数，是实现这一目标的重要途径之一。由于煤矿生产现场影响因素较为复杂，当前的数值模拟和现场监测主要采用已有现场参数进行研究，对交叉因素下采空区自燃的影响研究还不充分。因此，本章利用农业科学中试验设计[96]的思想，针对0403-Ⅰ工作面采空区复合灾害共治最优参数问题，利用Box-Behnken二次响应曲面试验设计方法找到这一参数。

本章通过采空区自燃“三带”中氧化带宽度大小来分析采空区自燃危险区域的变化规律，可以更加科学合理地确定最优参数，以最大程度地减少自然发火的危险性。当氧化带宽度越小时，最优参数就越有效，这是因为氧化带宽度的大小直接反映了采空区自燃危险性难易程度。在第5章中分析了单因素对采空区最大氧化带宽度的影响，并得出了相应的变化情况。本章在单个因素影响的基础上，采用Design Expert软件构建试验方案表，并结合工程实况和数值模拟结果，确定采空区氧化带范围。同时，构建响应面分析函数，确定最优参数。

本章在研究过程中，所选取的影响因素函数是用来确定氧化带的最大宽度的。因此在选取影响因素时，需要综合考虑现场实际情况，确保选取的因素能够考虑现场实际可变的范围。本文在分析最优参数问题时，选取风量变化范围为1200~2100 m^3/min，抽采量变化范围80~140 m^3/min，注氮量变化范围640~1120 m^3/h来确定氧化带范围。如果以上参数取值过大，可能导致最优参数确定不准确；此外，参数取值过小，设置参数的影响将被降低，从而使最优参数的确定结果变得不够精确。在参数确定过程中，必须谨慎地选择参数的取值范围，以确保结果的准确性和可靠性。

6.1.2　瓦斯与火共治最优参数试验设计

从统计学角度分析，试验设计的根本目的是确定试验因素不同水平效应之间是否存在显著性差异，以及不同因素之间是否存在交互作用；试验设计的主要任务是基于统计学理论和相关专业知识，经济、科学、合理、有效地排列和组合试验方案，便于回答所提出的问题并找到最优设计方案[97]。

本次试验设计主要建立 Box-Bchnken 试验方程，选取 0403-Ⅰ综采工作面的配风量、抽采量和注氮量三个主要参数作为瓦斯与火共治工艺的试验因素，每个因素设置了三个不同水平。因素的水平编码如表 6-1 所示。

表 6-1　因素水平编码

编　码	配风量/($m^3 \cdot min^{-1}$)	抽采量/($m^3 \cdot min^{-1}$)	注氮量/($m^3 \cdot h^{-1}$)
上水平（+1）	1200	80	700
零水平（0）	1500	110	900
下水平（-1）	1800	140	1100
间距	300	30	200

需要强调的是，本章所建立的试验设计模型是三因素、三水平的最优试验设计。如果需要研究更多水平或更多因素，可以选择其他试验设计模型，例如 Central Composite Design 设计。这种设计模型可以通过添加多个中心点来扩展试验因素的水平和范围，提高试验的效率和可靠性。同时，Central Composite Design 设计还可以用于研究试验因素之间的非线性关系和交互作用，在某些复杂的研究中具有更广泛的适用性。然而，采用更多的水平来设计试验，将会增加试验的步骤，因此试验的难度也会相应增加。

通过试验设计软件对响应曲面进行优化设计，共进行了 17 组试验。与全因子试验设计相比，响应曲面试验设计的优点在于试验次数较少，节省了时间和精力。在本次设计试验过程中，第 6、9、14、15、17 行是采用了重复试验的方式。通过设计重复试验，可以有效降低试验误差，提高试验的可靠性和精度。

在填写表 6-2 中氧化带最大宽度的耦合划分时，由于在现场无法测量漏风风速，采用数值模拟的方法来确定采空区漏风风速。同时，采用数值模拟和现场监测相结合的方法综合确定采空区氧气分布情况。

表 6-2 最优参数试验设计方案及响应参数

序号	配风量 /($m^3 \cdot min^{-1}$)	抽采量 /($m^3 \cdot min^{-1}$)	注氮量 /($m^3 \cdot h^{-1}$)	0.004 m/s 风速曲线位置/m	10%氧气体积分数曲线位置/m	氧化带最大宽度划分/m
1	1500	140	700	9	67	58
2	1500	80	700	8	64	56
3	1200	110	700	6	54	48
4	1200	110	1100	7	49	42
5	1800	80	900	11	68	57
6	1500	110	900	11	63	52
7	1200	80	900	5	56	51
8	1800	110	700	14	74	60
9	1500	110	900	11	62	51
10	1800	140	900	12	74	62
11	1500	80	1100	8	56	48
12	1500	140	1100	9	61	52
13	1800	110	1100	13	62	49
14	1500	110	900	11	67	56
15	1500	110	900	11	63	52
16	1200	140	900	7	62	55
17	1500	110	900	11	64	53

在试验中，设计了重复试验 6、9、14、15、17，漏风风速位置设定为模拟值 11 m。而氧气体积分数的位置则是通过在不同取样时间和近似取样条件下进行现场监测，然后综合分析得出的最终位置。

6.1.3 瓦斯与火共治最优参数确定

Box-Behnken 响应曲面回归方程为：

$$y = \beta_0 + \sum_{i=1}^{m} \beta_i x_i + \sum_{i=1}^{m} \beta_{ij} x_i x_j + \sum_{i=1}^{m} \beta_{ii} x_i^2 + \varepsilon \tag{6-1}$$

样本总离差平方和为：

$$SST = \sum_{i=1}^{n} (y_i - \bar{y})^2 \tag{6-2}$$

样本残差平方和为：

$$SSE = \sum_{i=1}^{n} (y_i - \hat{y}_i)^2 \tag{6-3}$$

样本回归平方和为：

$$SSR = \sum_{i=1}^{n} (\hat{y}_i - \bar{y})^2 \tag{6-4}$$

式中　y——响应值；

$x_1, x_2, \cdots, x_m$——自变量；

β_0——截距；

β_i——线性效应；

β_{ij}——交互效应；

β_{ii}——二次效应；

ε——随机误差；

y_i——数据点；

$\bar{y}$——总均值；

$\hat{y}_i$——行均值。

Box-Behnken 回归模型方差分析如表 6-3 所示，分析结果见表 6-4。

表 6-3　方差分析

方差来源	偏差平方和	自由度	均方差	F 值
回归 R	SSR	$f_R = p$	$MSR = SSR/f_R$	$F = MSR/MSE$
误差 E	SSE	$f_E = n-p-1$	$MSE = SSE/f_E$	
总和 T	SST	$f_T = n-1$	—	

检验的假设：

$$H_{0j}: \beta_j = 0 \quad H_{1j}: \beta_j \neq 0 \quad (j = 1, 2, \cdots, p) \tag{6-5}$$

检验方法是 F 检验法：

$$F = \frac{MSR}{MSE} = \frac{SSR/p}{SSE/(n-p-1)} \tag{6-6}$$

在我们使用统计软件进行计算中，通常利用的是 t 分布与 F 分布的关系："若 $T \sim t(n)$，则 $F = T^2 \sim F(1,n)$"，取 H_{0j} 的检验统计量为：

$$T_j = \frac{\hat{\beta}_j}{\sqrt{c_{jj} SSE/(n-p-1)}} \sim t(n-p-1) \tag{6-7}$$

将表 6-2 中划分得出的氧化带最大宽度数据导入 Design Expert 软件中，进行了方差分析。具体的分析结果如表6-4所示。响应面数学模型为式（6-8）：

$$L_{max} = 209.07 + 5.58A + 94.95B - 0.71C + 0.50AB - 1.25AC + 1.00BC - 0.15A^2 + 14.40B^2 - 2.90C^2 \quad (6\text{-}8)$$

式中 A——配风量，m^3/min；

B——瓦斯抽采量，m^3/min；

C——注氮量，m^3/h。

表6-4 方差分析结果

来源	总和	自由度	均方	F值	P值
模型	369.39	9	41.04	13.33	0.0013
A	3.07	1	3.07	0.9974	0.3512
B	58.95	1	58.95	19.15	0.0032
C	0.0494	1	0.0494	0.0161	0.9027
AB	0.2500	1	0.2500	0.0812	0.7839
AC	6.25	1	6.25	2.03	0.1972
BC	1.0000	1	1.0000	0.3248	0.5865
A^2	0.0947	1	0.0947	0.0308	0.8657
B^2	54.57	1	54.57	17.73	0.0040
C^2	35.41	1	35.41	11.50	0.0116
残差	21.55	7	3.08		
失拟项	6.75	3	2.25	0.61	0.6441
净误差	14.80	4	3.70		
总和	390.94	16			

根据方差分析结果得到模型的 P 值为0.0013，小于0.05，表明模型的显著性非常好，所得到的式（6-8）具有统计学意义。失拟项的值为0.6441，大于0.05，说明在该模型中失拟项不显著，表明曲线拟合效果较好。R-Squared 为0.95，非常接近1，表明该模型的拟合程度较高。AB、AC、BC 之间 P 值均大于0.05，这表明二次项之间存在交互作用。综合分析认为，氧化带最大宽度拟合式可以由配风量、抽采量、注氮量来表示。

利用 Design Expert 软件对模型设定的配风量、抽采量、注氮量三因素进行耦合，得到三因素最优组合参数。在 Criteria 中控制配风量在 1200~2100 m^3/min 的范围，设置抽采量为最大化，注氮量为最小化。如果希望获得最佳的防灭火效果，同时使抽采量达到极限条件，需要选择氧化带最大宽度中的 Goal 选项中的 Minimize。通过计算得出 27 组 Selected 值，选择出最优的组值。最终的参数确定为：风量 1200 m^3/min、抽采量 123.72 m^3/min、注氮量 700 m^3/h，这组参数对应氧化带宽度 49.64 m。

6.2　工作面综合防控效果分析

6.2.1　工作面最小推进速度分析

工作面采空区发生自燃需要一定量的氧气和遗煤发生缓慢的氧化反应，即时间 t 需要达到：

$$t > t_{min} \tag{6-9}$$

通过生产实践和理论研究发现，工作面推进速度较快时，可以有效预防采空区煤自燃。工作面回采过程中最小推进速度计算公式如下：

$$V_{min} = \frac{L_{max}}{t_{min}} \tag{6-10}$$

式中　V_{min}——工作面最小推进速度，m/d；

L_{max}——采空区氧化带宽度，m；

t_{min}——最短自燃发火期，d。

通过对瓦斯与火共治最优参数优选，得到氧化带最大宽度为 49.64 m，试验分析 4 号煤采空区浮煤最短自然发火期约为 86 d。计算得出 0403-Ⅰ综采工作面的极限推进速度应该大于 0.58 m/d，这样才能够降低采空区发生自然发火的风险。具体地说，当工作面的推进速度小于 0.58 m/d 时，不利于采空区内自燃“三带”的快速变换，会极大增加采空区自然发火的危险性。

6.2.2　工作面瓦斯与火共治效果

将试验分析得出的最优参数应用到工程现场。本节收集了 2021 年 6 月至 7 月期间，0403-Ⅰ工作面在最优参数附近的瓦斯和火灾治理效果等数据。为了监测分析 0403-Ⅰ综采工作面采空区的气体体积分数变化规律，设计在采空区中埋设束管，并定时、定量地对采空区中的气体进行抽取，并利用色谱分析仪分析气体的成分。通过分析采空区 CO 浓度的变化规律，采空区回风侧 30~60 m 范围内束管监测 CO 体积分数一直维持在 $0\sim18\times10^{-4}\%$；60~100 m 范围内 CO 体积分数基本维持在 $0\sim4\times10^{-4}\%$，可以判断采空区无自然发火危险性。

图 6-1 为工作面推进速度统计。由图可知，工作面的推进速度整体变化平稳，日平均推进速度约为 3 m。在工作面推进速度变化过程中，出现了推进速度为 0.5 m 的情况，这种变化并非常态，考虑是工作面开采过程中，现场采煤设备可能出现故障，导致偶尔出现了开采工作面推进速度缓慢的情况。根据工作面推进速度变化曲线及计算得到的工作面最小推进速度分析，当工作面速度较快时，采空区内自燃“三带”分布范围也会快速运移，从而迅速转换氧化带和窒息带的位置，这有助于控制采空区氧化带宽度范围，保证工作面的安全生产。

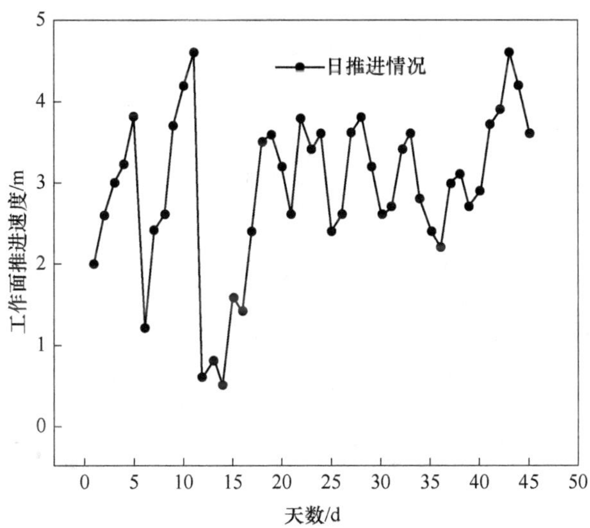

图 6-1　工作面推进速度

图 6-2 为高位钻孔抽采浓度和抽采纯量的变化情况。由图可知，高位钻孔抽采平均浓度基本维持在 12.1%，最大瓦斯抽采浓度约为 18.6%。钻孔抽采纯量基本在 0.94~2.46 m^3/min 上下波动，钻孔平均瓦斯抽采纯量约为 1.47 m^3/min，最大瓦斯抽采纯量约为 2.46 m^3/min。综合分析认为，在采空区辅助进风巷道内布置高位钻孔抽采上邻近层和采空区内瓦斯的效果较好。

图 6-3 为工作面各测点瓦斯浓度变化情况。由图可知，工作面监测点瓦斯浓度最大为 0.38%，其余测点均小于 1%，符合国家的规范要求。具体来说，0403- I

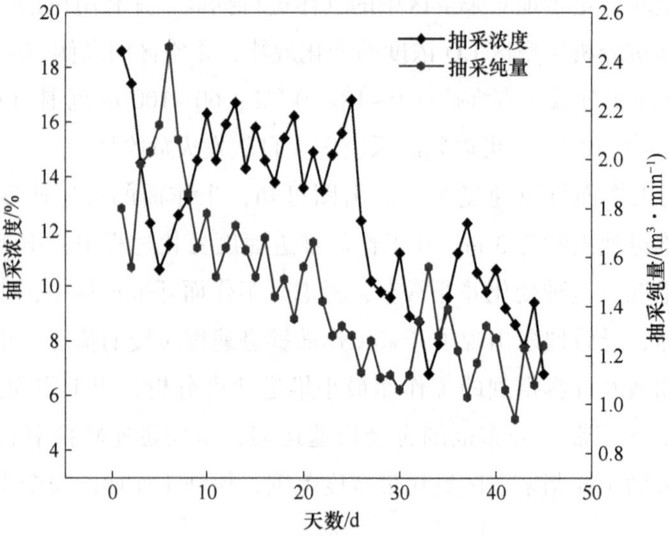

图 6-2　高位钻孔抽采浓度和抽采纯量情况

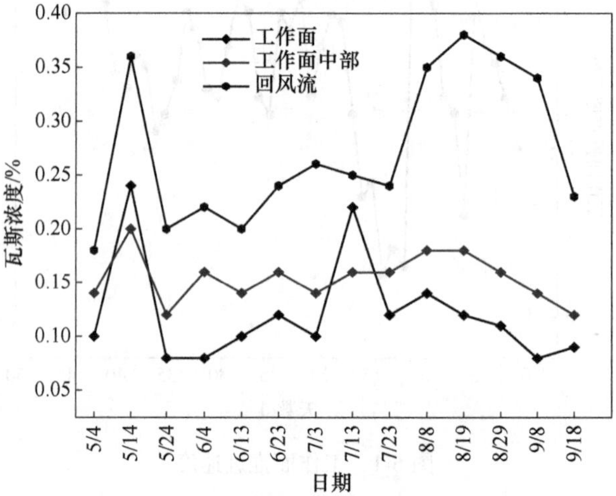

图 6-3　工作面各测点瓦斯浓度变化情况

综采工作面平均瓦斯浓度为 0.12%，工作面中部平均瓦斯浓度为 0.15%，工作面回风流侧平均瓦斯浓度为 0.27%。经分析，0403-Ⅰ综采工作面的瓦斯浓度变化呈现出先增大后逐渐减小的趋势。这可能是因为煤层刚开采时，瓦斯涌出量较大，随后瓦斯涌出逐渐趋于稳定。此外，由于工作面的设计长度仅为 366 m，风排瓦斯量也在稳定后逐渐减少。对于 0403-Ⅰ综采工作面回风巷，风排瓦斯量的变化趋势也类似，呈现出先增大后减小的趋势，前一个月瓦斯量有所增加，随后逐渐减小。考虑主要是由于工作面的推进较快，新鲜煤壁暴露较多，吸附瓦斯的解吸速度加快，以及瓦斯抽采作用较弱等多种因素导致回风巷侧风排瓦斯量较高。

图 6-4 为在回风巷侧埋入采空区的束管监测 CO 浓度变化情况。监测结果显示，束管埋设在 30~60 m，采空区较深处 CO 浓度的最大值约为 $18\times10^{-4}\%$，最小值约为 0。综合来看，0403-Ⅰ综采工作面的采空区防灭火治理效果符合标准。

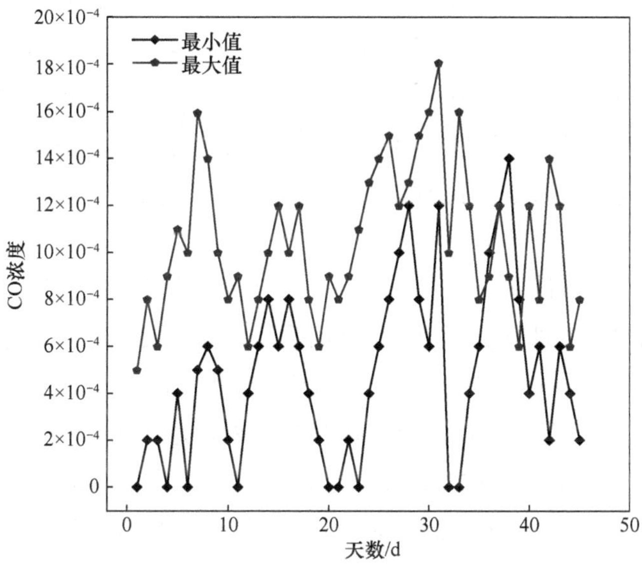

图 6-4 回风巷侧束管监测 CO 浓度变化

7 结　　论

本书研究内容基于水力压裂起裂机理、瓦斯的扩散渗流理论，对某矿 090515 工作面“地面压裂、井下打孔、井下抽采一体化”技术的地面压裂影响范围、井下瓦斯抽采钻孔的布置及瓦斯治理效果进行研究；基于煤层瓦斯与火基础参数，研究了不同通风方式下采空区流场特征与自燃带分布规律，分析了工作面采空区配风量、抽采量、注氮量三因素对采空区瓦斯与火共治条件下自燃“三带”分布规律的影响，为采空区瓦斯与火复合灾害的预防和治理提供了更加科学的依据。

采用控制初始裂缝角度、压裂时长、注入量参数的方法研究了裂缝扩展规律。使用 ABAQUS 软件分析不同角度初始裂缝延伸扩展情况，不同角度初始裂缝都会向最大主应力方向延伸扩展，初始裂缝与最大主应力方向之间夹角越大，裂隙破裂时间越长；不同压裂时长会影响裂缝扩展情况，当注水时间为 10 s 时，裂缝内部流体压力达到最大值 21 MPa，裂缝产生破裂，裂缝的破裂压力为 21 MPa；当注入量不同时，随着注入量的逐渐增大，裂缝延伸范围逐渐扩大，在压裂设备允许的前提下，应尽量增大注入量。

建立 COMSOL 裂缝三维模型，研究压裂区域瓦斯抽采效果。对比分析未压裂与压裂后的瓦斯抽采效果，发现压裂后的瓦斯抽采效果明显好于未压裂的瓦斯抽采效果；不同钻孔直径的瓦斯抽采效果不同，钻孔直径越大，瓦斯抽采达标时间越短，且抽采达标时间的下降率变小，钻孔直径大于 98 mm 时，瓦斯压力下降率明显增大，最佳钻孔直径为 98 mm；在不同抽采负压下抽采瓦斯，抽采负压越大，瓦斯抽采效果越好，在设备允许的情况下，应尽量增大抽采负压；不同钻孔间距也会影响瓦斯抽采效果，钻孔间距随抽采时间的变化曲线表明，当预抽时间为 180 d 时，最佳钻孔间距为 18 m。

DW9-3 压裂钻孔平均瓦斯抽采纯量为 0.021 m^3/min，与非压裂区普通顺层钻孔抽采纯量 0.008 m^3/min 相比，瓦斯抽采纯量提高近 2.6 倍。DW9-3 钻孔平均瓦斯抽采浓度 42.894%，与非压裂区普通钻孔平均瓦斯抽采浓度 17.8%相比，平均瓦斯抽采浓度提高 2.4 倍。压裂影响范围内施工的定向分支钻孔 D_1 和 D_3 孔平均瓦斯抽采浓度和平均瓦斯抽采纯量远高于普通抽采钻孔效果。总体而言，水力压裂对瓦斯抽采效果有明显的促进作用。

在低体应力阶段，储层孔隙压力对页岩变形起着显著的作用；在高体应力作用下，孔隙压力对页岩变形作用微乎其微。随着体应力增加，裂隙压缩系数出现突降。页岩气储层由浅部向深部延伸时，页岩气渗流由有效应力控制转变成滑脱效应控制。在深部环境下，滑脱型渗透率占比超过 60%。相比体应力增加，随着孔隙压力衰竭，滑脱效应更加显著。滑脱影响区页岩表观渗透率与孔隙压力之间更符合二次关系，而不是线性 Klinkenberg 方程。

本书研究表明，页岩在低体应力阶段（对应有效应力影响区）和高体应力阶段（对应滑脱影响区）的渗透率有效应力系数分别为 $\kappa=2.9$ 和 $\kappa=2.95$，默认 $\kappa=1$ 可能会造成页岩气产量预测不准。基于黏土颗粒与页岩纳米孔隙结构的附着关系，黏土壳模型能够较好地解释 $\kappa>1$ 现象。鉴于页岩在应力加载全过程的固有渗透率敏感性指数与有效应力影响区的气测渗透率敏感性指数近似相等，提出了滑脱型渗透率 k_{slip} 的评估方法。

通过数值模拟得到，采用“埋管+高位钻孔”抽采工程可以有效减小采空区瓦斯与火复合灾害危险区域的面积。研究配风量、抽采量、注氮量对瓦斯与火共治效果的影响，随着配风量的增加，采空区氧化带宽度逐渐增大；随着抽采量的增加，氧化带宽度先增加后减小并趋于稳定；随着注氮量的增加，氧化带宽度逐渐减小。

Box-Behnken 二次响应曲面试验设计方程分析得到了 0403-Ⅰ工作面采空区瓦斯与火共治的最优参数：配风量为 1200 m^3/min，抽采量为 123.72 m^3/min，注氮量为 700 m^3/h，对应的氧化带最大宽度为 49.64 m。

现场检验瓦斯与火共治最优参数。监测结果显示，高位钻孔抽采平均浓度为 12.1%，平均瓦斯抽采纯量约为 1.47 m^3/min。工作面平均瓦斯浓度为 0.12%，工作面中部平均瓦斯浓度为 0.15%，工作面回风流平均瓦斯浓度为 0.27%。在采空区 30~60 m 内，CO 浓度维持在 $0\sim18\times10^{-4}\%$，因此判定最优参数可以有效防治采空区瓦斯与火复合灾害。

参考文献

[1] 毛君，董钰峰，卢进南，等．巷道掘进截割钻进先进技术研究现状及展望［J］．煤炭学报，2021，46（7）：2084-2099.

[2] 秦江涛，陈玉涛．低透气性煤层高压水力压裂-冲孔联合增透技术研究及应用［J］．矿业安全与环保，2021，48（6）：53-57.

[3] 甘林堂．地面钻井抽采被保护层采动区卸压瓦斯技术研究［J］．煤炭科学技术，2019，47（11）：110-115.

[4] 周福宝，孙玉宁，李海鉴，等．煤层瓦斯抽采钻孔密封理论模型与工程技术研究［J］．中国矿业大学学报，2016，45（3）：433-439.

[5] 龚迪光，曲占庆，建雄，等．基于 ABAQUS 平台的水力裂缝扩展有限元模拟研究［J］．岩土力学，2016，37（5）：1512-1520.

[6] XIA J Q，DOU B，TIAN H，et al. Research on initiation of carbon dioxide fracturing pipe using the liquid carbon dioxide phase-transition blasting technology［J］. Energies，2021，14（3）：521.

[7] ZHOU B，XU J，HAN F，et al. Pressure of different gases injected into large-scale coal matrix：Analysis of time-space dependence and prediction using light gradient boosting machine［J］. Fuel，2020，279（1）：118448.

[8] 马钱钱．地面压裂与井下钻孔对接联合抽采技术［J］．煤矿安全，2019，50（6）：70-73.

[9] 陈召英，郝海金，郝春生，等．煤层气井地面压裂和井下长钻孔联合抽采技术研究［J］．煤炭科学技术，2019，47（8）：142-146.

[10] 张海军，袁德权，马钱钱．煤矿区地面钻井压裂井下效果考察［J］．煤矿安全，2014，45（11）：64-67.

[11] 李长兴．本煤层钻孔参数与瓦斯抽采效果关系研究［D］．焦作：河南理工大学，2014.

[12] 唐建平，孙东玲，武文宾．注水煤层瓦斯运移规律研究现状与发展方向［J］．煤矿安全，2018，49（5）：175-177，182.

[13] 孙东玲，曹偈，苗法田，等．突出煤-瓦斯在巷道内的运移规律［J］．煤炭学报，2018，43（10）：2773-2779.

[14] 赵鹏翔，卓日升，李树刚，等．综采工作面瓦斯运移优势通道演化规律采高效应研究［J］．采矿与安全工程学报，2019，36（4）：848-856.

[15] 杨科，刘帅．深部远距离下保护层开采多关键层运移-裂隙演化-瓦斯涌出动态规律研究［J］．采矿与安全工程学报，2020，37（5）：991-1000.

[16] 罗振敏，王子瑾，苏彬，等．基于 FLUENT 的采空区瓦斯运移规律数值模拟研究［J］．矿业安全与环保，2020，47（3）：17-21.

[17] 刘洪伟．综放工作面“U+L”型通风瓦斯运移规律研究［J］．煤炭技术，2021，40（6）：134-136.

[18] 史建设，李文涛，傅琦，等．急倾斜煤层采空区瓦斯运移规律及治理技术探究［J］．煤炭技术，2021，40（11）：142-145.

[19] 张朝举，方俊，杨亚黎，等．祁东煤矿近距离煤层群瓦斯治理顶板拦截定向钻孔试验［J］．工矿自动化，2021，47（11）：112-118.

[20] 黄勇，姚邦华，袁本庆．保护层开采卸压瓦斯运移规律及强化抽采技术研究［J］．煤炭技术，2022，41（6）：90-93.

[21] 郤伟卫．低透气性高瓦斯煤矿综采工作面瓦斯抽采技术［J］．煤矿安全，2015，46（9）：79-82.

[22] 张波，谢雄刚，许石青．某矿顺层钻孔瓦斯抽采及布孔参数数值模拟［J］．工矿自动化，2018，44（11）：49-56.

[23] 谢小平，耿耀强．顶板千米定向钻孔在高瓦斯煤层群瓦斯抽采中的应用［J］．煤炭工程，2019，51（12）：101-105.

[24] 张磊，孔金浩，葛生庄．低渗透采煤工作面本煤层钻孔有效抽采半径的研究［J］．煤炭科学技术，2020，48（S2）：184-187.

[25] 陈月霞，褚廷湘，陈鹏．不同数量钻孔瓦斯抽采有效区域数值模拟分析［J］．矿业安全与环保，2021，48（5）：23-27，32.

[26] 江成，李奇贤，韩恩德．瓦斯抽采过程中本煤层及邻近层储层参数演化特征［J］．煤矿安全，2021，52（11）：1-7.

[27] 张飞，尚玮炜，罗华贵，等．煤层钻孔瓦斯抽采有效半径影响因素分析［J］．矿业安全与环保，2022，49（2）：137-142.

[28] 曲占庆，李小龙，李建雄，等．基于扩展有限元法的多径向井压裂裂缝形态［J］．中国石油大学学报（自然科学版），2018，42（1）：73-81.

[29] 刘泉声，甘亮，吴志军，等．基于零厚度黏聚力单元的水力压裂裂隙空间分布影响分析［J］．煤炭学报，2018，43（S2）：393-402.

[30] 张滨海，陈峥嵘，艾传志，等．四维动态地应力建模方法及其在寿阳区块煤层气开发中的应用［J］．中国海上油气，2018，30（4）：144-151.

[31] 李军，翟文宝，陈朝伟，等．基于零厚度内聚力单元的水力裂缝随机扩展方法研究［J］．岩土力学，2021，42（1）：265-279.

[32] 安峰辰，张飞扬，易浩，等．交变应力对套管损伤机理的影响［J］．煤田地质与勘探，2021，49（1）：143-150.

[33] 马许平，曾庆利. 多射孔压裂对水力裂缝扩展规律的影响 [J]. 天然气地球科学，2022，33（2）：312-323.

[34] 刘永强. 水力压裂技术在初次放顶中对采动应力演化规律的影响 [J]. 煤炭技术，2022，41（8）：161-165.

[35] LIU H W，WANG F，REN T，et al. Influence of methane on the prediction index gases of coal spontaneous combustion：A case study in Xishan coalfield，China [J]. Fuel，2021：289.

[36] ZHENG W C，YANG S Q，LI W Z，et al. Research of inorganic fire - extinguishing materials on preventing and controlling gas and coal spontaneous combustion in the narrow coal pillar and adjacent goaf [J]. Fire and Materials，2020，44（5）：660-672.

[37] SONG Y W，YANG S Q，HU X C，et al. Prediction of gas and coal spontaneous combustion coexisting disaster through the chaotic characteristic analysis of gas indexes in goaf gas extraction [J]. Process Safety and Environmental Protection，2019，129：8-16.

[38] 周福宝. 瓦斯与煤自燃共存研究（Ⅰ）：致灾机理 [J]. 煤炭学报，2012，37（5）：843-849.

[39] 周福宝，夏同强，史波波. 瓦斯与煤自燃共存研究（Ⅱ）：防治新技术 [J]. 煤炭学报，2013，38（3）：353-360.

[40] 慕兰兰，传金平，杨小彬，等. 砚北煤矿特厚易自燃煤层邻近采空区瓦斯抽采与煤自燃耦合研究 [J]. 矿业安全与环保，2023，50（1）：25-36.

[41] 朱鹏飞. 大佛寺煤矿高位钻孔抽采条件下采空区煤自燃与瓦斯耦合致灾研究 [D]. 徐州：中国矿业大学，2022.

[42] 董强. 高瓦斯自燃煤层综放面采空区瓦斯与火共治平衡点研究 [D]. 辽宁：辽宁工程技术大学，2017.

[43] 贾廷贵，李颜兵，娄和壮，等. Y 型通风方式瓦斯与煤自燃耦合模拟 [J]. 辽宁工程技术大学学报（自然科学版），2021，40（5）：390-395.

[44] 周全超. 曙光矿沿空留巷综采面采空区瓦斯与煤自燃协同防治 [D]. 徐州：中国矿业大学，2021.

[45] 张巨峰，施式亮，鲁义，等. 矿井瓦斯与煤自燃共生灾害：耦合关系、致灾机制、防控技术 [J]. 中国安全科学学报，2020，30（10）：149-155.

[46] 信亚男. 高抽巷抽采条件下采空区瓦斯与煤自燃耦合灾害的研究 [D]. 徐州：中国矿业大学，2019.

[47] ZOU J X，ZHANG R，ZHANG F Y，et al. Hazardous area reconstruction and law analysis of coal spontaneous combustion and gas coupling disasters in goaf based on DEM-CFD [J]. ACS Omega，2023，8（2）：2685-2697.

[48] ZHENG Y N，LI Q Z，ZHANG P F，et al. Study on multi-field evolution and influencing

factors of coal spontaneous combustion in goaf [J]. Combustion Science and Technology, 2023, 195 (2): 247-264.

[49] BEAMISH B B, JABOURI I. Factors affecting hot spot development in bulk coal and associated gas evolution [J]. The Australasian Institute of Mining and Metallurgy, 2005, 2005 (2): 187-193.

[50] 王少卿. 地面钻井压裂与井下水平钻孔联合瓦斯抽采研究 [D]. 太原: 太原理工大学, 2015.

[51] 康先勇. 大湾煤矿松软低透煤层水力压裂增透技术研究 [D]. 徐州: 中国矿业大学, 2021.

[52] 孙良田, 王一兵, 韩志强, 等. 井下钻井、地面压裂和井下抽采相结合的瓦斯消突方法: 中国, 201810637019.5 [P]. 2020-04-21.

[53] 李永冲. 上保护层开采煤岩变形规律研究及保护效果考察 [D]. 徐州: 中国矿业大学, 2016.

[54] CHENG Z H, LIU B, ZOU Q L, et al. Analysis of spatial-temporal evolution of mining-induced fracture field: A case study using image processing in the shaqu coal mine, China [J]. Natural Resources Research, 2020, 29 (3): 1601-1615.

[55] CHENG X, ZHAO G M, LI Y M, et al. Key technologies and engineering practices for soft-rock protective seam mining [J]. International Journal of Mining Science and Technology, 2020, 30 (6): 889-899.

[56] 贾进章, 王东明, 李斌. 水力压裂有效压裂半径的影响因素研究 [J]. 中国安全生产科学技术, 2022, 18 (6): 58-64.

[57] 付军辉. 煤矿地面水力压裂增透技术研究及应用 [J]. 矿业安全与环保, 2017, 44 (6): 41-44.

[58] 冯保超. 薛湖煤矿水力压裂裂缝起裂扩展规律及增透技术研究 [D]. 徐州: 中国矿业大学, 2021.

[59] 龚涛. 煤矿坚硬顶板地面水力压裂的目标层判定和控制强矿压显现机理 [D]. 重庆: 重庆大学, 2020.

[60] ZHAO X, FENG T, LI S, et al. Development range determination of gas conducting fissure zones for lower protective seam mining in JINJIA coal mine [J]. Geotechnical and Geological Engineering, 2021, 39 (1): 1-12.

[61] LIU T, LIN B Q, XIAO W, et al. A safe mining approach for deep outburst coal seam groups with hard-thick sandstone roof: Stepwise risk control based on gas diversion and extraction [J]. Energy Science and Engineering, 2020, 8 (8): 2946-2965.

[62] GALE J F W, REED R M, HOLDER J. Natural fractures in the Barnett Shale and their

importance for hydraulic fracture treatments [J]. AAPG Bulletin, 2007, 91 (4): 603-622.

[63] 薛炳，张广明，吴恒安，等．油井水力压裂的三维数值模拟 [J]. 中国科学技术大学学报，2008 (11): 1322-1325, 1347.

[64] 胡凯．考虑动态滤失系数的水力压裂施工参数优化 [D]. 郑州：郑州大学，2021.

[65] 魏国营，娄振，陶东东，等．钻孔瓦斯抽采气固耦合模型及其应用 [J]. 中国安全科学学报，2017, 27 (2): 75-80.

[66] 王东洋，杨宏民，陈立伟．煤层注氮气置驱瓦斯过程压力场数值模拟 [J]. 煤，2016, 25 (7): 1-3, 39.

[67] 李可，董春发，徐传玉，等．布孔间距影响瓦斯预抽效果的模拟及应用研究 [J]. 中国煤炭，2021, 47 (4): 51-58.

[68] 中华人民共和国煤炭工业部．防治煤与瓦斯突出细则 [M]. 北京：煤炭工业出版社，2021.

[69] 尹光志，李铭辉，许江，等．多功能真三轴流固耦合试验系统的研制与应用 [J]. 岩石力学与工程学报，2015, 34 (12): 2436-2445.

[70] 陈昱霏．真三轴应力下页岩渗透率演化与滑脱效应研究 [D]. 重庆：重庆大学，2021.

[71] 杨峰，宁正福，胡昌蓬，等．页岩储层微观孔隙结构特征 [J]. 石油学报，2013, 34 (2): 301-311.

[72] LIU C, YIN G Z, LI M H, et al. Shale permeability model considering bedding effect under true triaxial stress conditions [J]. Journal of Natural Gas Science and Engineering, 2019, 68: 102908.

[73] LIU C, YU B C, ZHAO H G, et al. Effective stress effect and slippage effect of gas migration in deep coal reservoirs [J]. International Journal of Rock Mechanics and Mining Sciences, 2022, 155: 105142.

[74] 刘曰武，高大鹏，李奇，等．页岩气开采中的若干力学前沿问题 [J]. 力学进展，2019, 49 (1): 201901.

[75] LI M H, YIN G Z, XU J, et al. Permeability evolution of shale under anisotropic true triaxial stress conditions [J]. International Journal of Coal Geology, 2016, 165: 142-148.

[76] CHEN Z W, PAN Z J, LIU J S, et al. Effect of the effective stress coefficient and sorption induced strain on the evolution of coal permeability Experimental observations [J]. International Journal of Greenhouse Gas Control, 2011, 5 (5): 1284-1293.

[77] LI M, XIAO W L, BERNABE Y, et al. Nonlinear effective pressure law for permeability [J]. Journal of Geophysical Research: Solid Earth, 2014, 119 (1): 302-318.

[78] BERRYMAN, JAMES G. Effective stress for transport properties of inhomogeneous porous rock [J]. Journal of Geophysical Research, 1992, 97 (B12): 17409-17424.

[79] AL-WARDY W, ZIMMERMAN R W. Effective stress law for the permeability of clay rich sandstones [J]. Journal of Geophysical Research, 2004, 109 (B4): B04203.

[80] ZOBACK M D, BYERLEE J D. Permeability and effective stress geologic notes [J]. AAPG Bulletin, 1975, 59 (1): 154-158.

[81] KWON O, KRONENBERG A K, GANGI A F, et al. Permeability of Wilcox shale and its effective pressure law [J]. Journal of Geophysical Research, 2001, 106 (B9): 19339-19353.

[82] BERRYMAN J G. Exact effective-stress rules in rock mechanics [J]. Physical Review A, 1992, 46 (6): 3307-3311.

[83] WANG Y, MENG F B, WANG X Q, et al. Effective stress law for the permeability and deformation of four porous limestones [J]. Journal of Geophysical Research: Solid Earth, 2018, 123 (5): 4707-4729.

[84] MENG F B, LI X F, BAUD P, et al. Effective stress law for the permeability and pore volume change of clayey sandstones [J]. Journal of Geophysical Research: Solid Earth, 2020, 125 (8): 1-22.

[85] HELLER R, VERMYLEN J, ZOBACK M. Experimental investigation of matrix permeability of gas shales [J]. AAPG Bulletin, 2014, 98 (5): 975-995.

[86] XIAO W L, BERNABE Y, EVANS B, et al. Klinkenberg effect and effective pressure for gas permeability of tight sandstones [J]. Journal of Geophysical Research: Solid Earth, 2019, 124 (3): 1412-1429.

[87] MOGHADAM A A, CHALATURNYK R. Expansion of the Klinkenberg's slippage equation to low permeability porous media [J]. International Journal of Coal Geology, 2014, 123: 2-9.

[88] FATHI E, TINNI A, AKKUTLU I Y. Correction to Klinkenberg slip theory for gas flow in nano-capillaries [J]. International Journal of Coal Geology, 2012, 103: 51-59.

[89] 邸志乾，丁广骧，左树勋，等．放顶煤综采采空区“三带”的理论计算与观测分析[J]．中国矿业大学学报，1993 (1): 8-15.

[90] 余明高，黄之聪，岳超平．以氧指标划分采空区自燃“三带”的实验研究 [J]．西安矿业学院学报，1998，18 (1): 41-45.

[91] 郑中亚．下沟矿高瓦斯综放面采空区自燃防治技术研究 [D]．西安：西安科技大学，2011.

[92] Li J H, Li Z H, Yang Y L, et al. Laboratory study on the inhibitory effect of free radical scavenger on coal spontaneous combustion [J]. Fuel Processing Technology, 2018, 171: 350-360.

[93] ZHANG Y L, WANG J F, XUE S, et al. Kinetic study on changes in methyl and methylene

groups during low-temperature oxidation of coal via in-situ FTIR [J]. International Journal of Coal Geology, 2016, 154: 1-8.

[94] 钱鸣高，许家林．覆岩采动裂隙分布的“O”形圈特征研究［J］．煤炭学报，1998，23（5）：20-23.

[95] 刘红威．高瓦斯矿井切顶成巷条件下采空区自然发火特征及防治技术研究［D］．太原：太原理工大学，2020.

[96] 白刚，令狐建设，李耀谦，等．基于 Box-Behnken 设计的 CO_2 防灭火数值模拟［J］．煤矿安全，2023，54（3）：117-122.

[97] 赵选民．试验设计方法［M］．北京：科学出版社，2006.